《老重庆影像志》

老房子

透过重庆老房子的门窗，窥探重庆的历史与文脉，阅读城市的性格与风采。如品老酒酽茶，回味绵长。

王川平 编著

重庆出版集团 重庆出版社

图书在版编目（CIP）数据

老房子／王川平编著 .—重庆：重庆出版社，2007.11
（老重庆影像志／王川平主编）
ISBN 978-7-229-06526-3

Ⅰ. 老… Ⅱ. 王… Ⅲ. 古建筑—建筑艺术—重庆市—图集
Ⅳ. TU—092.2

中国版本图书馆 CIP 数据核字（2007）第 035552 号

老房子
LAO FANGZI

丛书主编　王川平
丛书副主编　刘豫川　邵康庆
编　　著　王川平
资料提供　重庆中国三峡博物馆　邓晓笳　士　伏　何智亚　郭文华
写生插图　士　伏

策　　划　郭　宜　邓士伏
责任编辑　邓士伏
封面设计　郭　宜　刘　洋
版式设计　邓士伏
责任校对　娄亚杰
电脑制作　廖晋华

重庆出版集团　出版
重庆出版社
重庆市南岸区南滨路 162 号 1 幢　邮政编码：400016　http://www.cqph.com
重庆市开源印务有限公司印制
重庆出版集团图书发行有限公司发行
E-MAIL：fxchu@cqph.com　邮购电话：023-61520646
全国新华书店经销

开本：787mm×1092mm　1/16　印张：12.5　字数：251 千
2013 年 5 月第 1 版　2018 年 4 月第 2 次印刷
印数：4001-6000
定价：31.00 元

如有印装质量问题，请向本集团图书发行有限公司调换：023-61520678

目录

总序

《老重庆影像志》

王川平

看着这座古老的城市慢慢长大

尽管重庆直辖才十年，但它却很古老；尽管重庆正以惊世的速度在长高、长壮，但它曾经十分古朴而低矮；尽管重庆一天天在变得靓艳，但它灰蒙蒙而沉甸甸的底色仍存留在记忆之中。当楼房的样式和市民的生活越来越趋于类似的时候，这座城市的文化性格与城市品质就变得像空气和水一样重要和宝贵。

历史与现实就是这样复杂，这样磕磕碰碰。重庆的文化人一方面惊讶于这座城市成长的速度，一方面惊讶于在此速度拉动下消逝了的那些值得保留的东西。这种惊讶同样是复杂和美好的，因为他们不因惊讶而停住手脚，停止思考与行动。眼前这套《老重庆影像志》丛书就是他们这种努力的一部分。

《老重庆影像志》丛书共十本，分别是《老城门》、《老房子》、《老街巷》、《老码头》、《老地图》、《老广告》、《老档案》、《老行当》、《老风尚》和《老钱票》。它们从不同的视角，管窥这座城市的昨天，内容涉及市政变迁、政治演变、经济发展、市井生活、文脉流转传承等等方面，尤其是对老重庆的个性与嬗变、老重庆的灵性与魂魄、老重庆的根与源，力图以图文并茂的表述引起读者的注意，与读者作寻根之旅。本丛书的作者与编者，都是从事文物、图书、档案、出版、历史和文化研究等方面工作多年的优秀人选，既有丰富的实际经验，又有专门知识方面的学术积累，并尽可能在文字处理上通俗、生动、准确。丛书使用的两千多张历史照片，许多是第一次公开出版，足见其珍贵和罕见。

重庆是一座具有世界历史与文化价值的城市，对于这一点，笔者在主编该丛书及撰写《老房子》的过程中坚信不移。这不是直辖后的文化自大，而是遵循“实史求是”的原则准确对待重庆历史得出的结论，是依据古为今用的原则建设重庆新文化的需要。可惜的是我们总以为自己的文化家底不够厚，其实是我们现时的努力离目标还有较大的距离。令人高兴的是直辖之初，笔者提出把重庆建设成为与长江上游经济中心相适应的文化中心的文化建设远期目标，已经为越来越多的市民所接受，正在成为这座城市的规划和行动。从这个意义上说，《老重庆影像志》丛书的出版，确实是一件可喜可贺可敬之事。

重庆的历史

说重庆的历史，得从200万年前说起。

1984年7月，巫山县庙宇镇龙坪村来了一干人马。他们是中国科学院古脊椎动物与古人类研究所、重庆市博物馆古生物部的专家们。经过他们一年考察，三年发掘，终于发现距今204万—200万年的巫山人牙齿化石。这是在亚洲和中国发现的最古老的人类化石。十多年后，在与此相邻不远的湖北建始，也发现了距今200万年的建始人，进而印证了巫山人的存在。在以后的对龙坪村龙骨坡山洞的多次发掘中，相继发现了巫山人使用过的粗糙石器以及他们猎食的众多动物骨骼化石。

200万年前巫山人出现，是亚洲大陆一件开天辟地的大事。巫山人让这片古老大陆飘扬起人类的旗帜，铭刻起人类的尊严。它改变了地球这个古老星球上人群的分布。它宣告：与非洲一样，亚洲有人了！

这是重庆对世界历史作出的第一个贡献！

佛教文化和艺术传入中国近千年后，到了宋代，到了大足，在浓厚的巴渝文化的滋养造化中，完成了它的中国化、本土化的过程，大足石刻成为中国佛教造像艺术的经典之作，成为佛教艺术中国化的代表。1999年，大足石刻被列入联合国教科文组织的世界遗产名录，成为全人类的文化遗产。这是重庆对世界历史和文化作出的第二个贡献。

万州苏和坪房址是三峡地区保存最好的新石器时代建筑遗址

说重庆的老房子"，先从两个山洞说开去。一个是巫山县庙宇
的巫山猿人洞，一个是奉节县的兴隆洞。两个自然形成的
似乎算不得人工修造的老房子。但作为两百万年前巫山人的

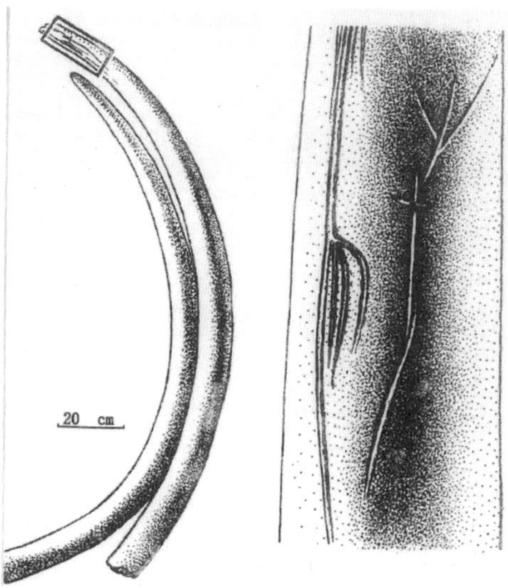

奉节古人类遗址发现的剑齿象门齿

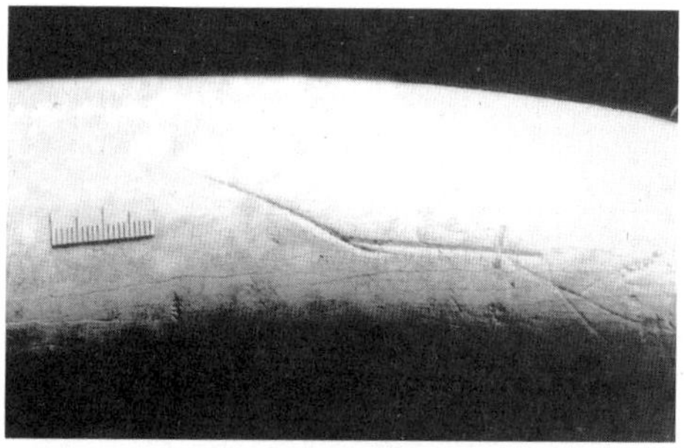

在奉节天坑地缝地区发现的剑齿象牙刻（14 万年前）

淳熙十六年（1189 年），南宋皇帝赵惇升恭州为重庆府，以纪念他先封恭王后称帝的双重喜庆，重庆由是得名。这一事件的大背景是长江流域的开发使得南宋的经济中心和政治中心南移。重庆在这个南移中经济实力得以上升和军事屏障作用得以加强。1236 年蒙古军攻入四川，1239 年蒙古军攻重庆，重庆保卫战打响。1240 年，宋军筑合川钓鱼城，钓鱼城遂成为重庆保卫战的前哨阵地。1242 年，重庆成为四川制置使驻地。1259 年 7 月，蒙古大汗蒙哥死于钓鱼城之战。这一事件使蒙古最高权力形成真空，导致大面积入侵欧亚，兵临莫斯科的各路蒙古军队纷纷回师争夺汗位。欧洲人惊呼的“上帝的鞭子”折于重庆钓鱼城，使欧洲的历史才得以按照现在大家知道的样子发展，钓鱼城因此成为改写世界历史的地方。这是重庆对世界历史和文化作出的第三个贡献。1278 年，元兵攻破重庆。1279 年，在南宋王朝已经灭亡，重庆城破的前提下，钓鱼城归顺于元。

七七事变发生的当月，国民政府决定上海工矿企业迁至以重庆为中心的内地。1937 年 10 月，中央政府决定迁至重庆。11 月 20 日，国民政府发表宣言，正式宣布“为适应战况，统筹全局，长期抗战起见，本日移驻重庆”。12 月 1 日，国民政府在重庆新址办公。1940 年 9 月 6 日，国民政府发布命令，定重庆为陪都。重庆作为中国战时首都与陪都，对于组织大后方的生产建设、支持全面抗战，结成国内抗日民族统一战线和国际反法西斯统一战线发挥了巨大作用，成为中国政治、军事、经济、文化中心，成为世界反法西斯战争的东方指挥中心，成为中华民族抗日救亡的大后方基地。中国的历史和世界的历史以空前的负荷加在重庆的肩上。这是重庆对世界历史和文化作出的第四个贡献。更有意味的是，这座优秀的城市担当起了历史的重任和民族的重任，在付出巨大的努力和牺牲之后，在胜利完成世界反法西斯战争和民族保卫战争的同时，完成了城市的近代化进程，并使自己成为一个有世界品牌意义的城市。在此期内，重庆在大后方经济中的比重为：钢产量占 80%；航运轮船吨位仅重庆民生公司一家即占 90%；棉纱占 52.8%；1943 年，重庆有机器工业 436 家，是大后方机器制造业中心；当年重庆天府煤矿煤产量

奉节县兴隆洞遗址洞口

即占国统区机煤产量的53%；到1945年，重庆共有商业行业160个，商业企业27 481家，从业人员23.43万，占当时人口的18.8%和重庆就业人口的40%；1946年，重庆直接出口值21 939万元，成为大后方外贸中心；中国银行、中央银行、交通银行、农民银行四家银行总行陆续迁渝。1942年，重庆每月出书81种，杂志66种，分别占全国的三分之一和四分之一，重庆成为文化、科技、新闻出版中心。随着抗战的需要，在周恩来领导的中共中央南方局的努力下，重庆的抗日民族统一战线工作卓有成效，中国民主同盟、中国民主建国会、九三学社先后在渝建立，重庆成为中国民主党派的主要发祥地，成为爱国民主运动的中心。1946年1月，政治协商会议在重庆召开。众多民主党派的建立和旧政协的召开，深远地影响了中国当代的政治格局，光大了重庆的民主主义传统，在中国民主革命史上留下了光辉的篇章。

1997年3月14日，第八届全国人民代表大会第五次会议通过了关于批准设立重庆直辖市的决定。6月18日，重庆直辖市正式挂牌。在全球经济放缓速度而中国经济持续稳定增长的大背景下，重庆成为中国西部唯一的直辖市，中国奏响西部大开发的序曲，令全世界的目光聚焦重庆。重庆承担了百万以上的三峡工程移民；承担近370万的农村贫困人口的脱贫；承担老工业基地的改造振兴；承担城乡一体化的共同发展；承担在经济发展的同时防治环境污染，保持生态平衡的试验；承担把重庆建设成中国经济承东启西的纽带、长江上游的经济中心的使命。历史在20世纪末和21世纪初再一次选择了重庆。完成百万工程移民，这是人类史上没有过的世界难题。尤其是将3 000万以上的人群依托于一个大城市一起走共同富裕文明的路子，这在人类史上也是没有过的。它对于在世界不发达地区探索文明富裕的发展道路是非常有价值的。直辖后的重庆必将对世界作出自己新的贡献。

基于以上五点，可以说，重庆是一个具有世界历史和文化价值的城市。随着人类历史的不断演进，全球经济的不断发展，区域文化个性的不断显现，随着重庆的经济、文化的不断发展，中心城市作用和综合实力的不断增强，重庆的世界性的价值将会更加凸显。

当我们回望重庆历史、展望光明前程时，不能不惊奇地指出，上述的后四次重大贡献，都是发生在过去的那些千年里，其中后两次是发生在20世纪。上一个千年和上一个世纪，为重庆的发展打下了基础，赢得了声誉，创下了世

说重庆的老房子，先从两个山洞说开去。一个是巫山县庙宇的巫山猿人洞，一个是奉节县的兴隆洞。两个自然形成的山似乎算不得人工修造的老房子。但作为两百万年前巫山人的

界意义的品牌，积累了可持续发展的资源和机遇。我们应当珍惜这个品牌，珍惜这些资源，珍惜这些机遇和基础，在新千年和新世纪里，走出一条重庆自己的发展道路。

在此，不妨用简短的文字，勾勒出重庆历史的一些轮廓线。根据考古材料，10 多万年前，重庆奉节一带有人类生息。距今 10 万—1 万年的旧石器文化在重庆丰都、奉节、铜梁等地相继出现。距今 9000 年左右的奉节人工捏制陶器特别是距今 7000 年左右的丰都陶器，标志着重庆及峡江地区进入了新石器时代，这表明当时这一地区的开发在祖国西南处于领先地位。周秦之际，巴人建立巴国，虽几易其都，但大多在今重庆范围内，重庆至今称“巴”。秦置巴郡，郡治江州，即今日重庆母城区。其后，南梁于巴郡置楚州，西魏改楚州为巴州，隋改为渝州，北宋改渝州为恭州，南宋升恭州为重庆府，元为重庆路。元末农民起义领袖明玉珍占领重庆先称王后称帝，国号大夏，年号天统，以重庆为都，统治重庆、四川及周边地区。明降路为府。清置川东道，驻重庆。辛亥革命中，重庆成立蜀军政府。抗战中成为国民政府驻地和行政院直辖市。新中国建立之初即为中央直辖市。1997 年再度直辖，成为共和国最年轻的，也是中国西部唯一的直辖市。从巴国国都，到农民割据政权大夏国国都，到中国战时首都和陪都，到长江上游的经济中心和年轻的直辖市，重庆经历了历史赋予的几次跨越式发展。

重庆的文脉

说文脉得先说重庆的人脉。“重庆人”是怎样形成的呢？

尽管我们有200万年前的巫山人，14万年前的奉节人，有10万年左右的丰都旧石器文化、两万年前的铜梁旧石器文化、7000年前的丰都玉溪坪文化、5500年前的巫山大溪文化及稍后的其他新石器文化，尽管这些旧石器文化和新石器文化的创造者在重庆历史的天空中划出一道道流星，但我们得承认，他们对“重庆人”的影响是非常有限的，因为他们毕竟太遥远了。

“重庆人”是由历史上的六次大规模移民累积、繁衍而来的。约在春秋时期，巴人从豫南、鄂西进入重庆，沿长江、嘉陵江几经迁徙，先后以丰都、涪陵、重庆渝中区（江州）、合川、阆中为政治中心，建立以部落联盟为基础的发育不成熟的奴隶制国家。巴以江州为都，多则百余年，少则几十年，但这个“巴”就巴了几千年。秦设巴郡，南齐设巴州（480年），北周武成三年（561年）设巴县，以后时代更迭，或称巴州，或改楚州、渝州、恭州、重庆府、重庆市，“巴”字总是同这块地，同这块地上的这群人联系在一起。巴人建立巴国，结束了这块土地上一盘散沙的原始状态，将这一地域推进到文明阶段，大大推动了历史的发展，提高了这一地域的经济、政治、军事、文化的地位，使这一地方乐于为人称道。巴人勇猛善战，能歌善舞，曾为武王伐纣的前锋部队。巴蔓子的传说更突现出巴人威武、刚烈的性格，巴人的勇猛、正义、刚烈成为重庆人的人格基调，而能歌善舞则逐渐演变成重庆人幽默乐天的性格。

具有巴渝本土山地民居建筑特色的吊脚楼

巴人定都江州还使这一地域的人群关系发生飞跃。以前

吊脚楼底层是养牲畜和堆放杂物的好地方，这是吊脚楼合理利用空间的绝妙之处

的部落内以血缘和亲缘为纽带的群体关系上升为以地缘为纽带的群体关系，这大大地有利于人种的改良和先进文化的传播。血缘关系——亲缘关系——地缘关系——业缘关系的发展模式是人类社会生产方式和社会形态发展所决定的。

对于巴人迁都江州以前的土著来说，巴人是一次军事移民。我们称之为重庆历史上的第一次移民。此后，随着社会历史的进步，这样的人群群体得到发展。除自然的生息繁衍外，几次大规模移民对重庆人的形成有重大影响。秦统一中国后，迁“秦氏万家”入巴蜀。这批人中的一部分到巴郡，带来北方和中原地区的先进技术和文化，为秦汉时期重庆地区的较大发展提供了条件。此为第二次大规模移民。汉末天下大乱，近300年的社会大震荡使人口锐减，每平方千米只有数人而已，江州只有几百户人家。于是，四川盆地四周高山地带的“僚人（僚，音佬）”拥入盆地，今綦江、江津、合川、铜梁、大足、荣昌在公元4—5世纪是僚人甚多的地区，统治者甚至在僚人集中的地区设立专门管理僚人的政府。拥入盆地的僚人最多时达300万之众。僚人“不解丝竹，惟坎铜鼓”，巴县青木关至今仍有称“仡佬洞”或“葛佬洞”的。地名称“洞”的多与僚人有关。江津县内古墓多为向氏、杨氏墓，此二姓与僚人有渊源关系。这是第三次大移民。这批移民中居住在长江以北的僚人逐渐与汉人融合，而江南地区的“南平僚”，到宋代仍同汉人有较大的风俗差异，被称作“熟夷”。少数偏僻山区的僚人清初仍被称为“土僚”，后逐渐融入当地的苗族。“巴（巴人）夏（汉人）居城郭，蛮夷居山谷”，“民俗半夷风”，“夏人少，蛮僚多”是唐宋时的情景。随着宋代政权的巩固，尤其是南宋政治、经济、军事重心的南移，重庆作为南宋王朝的长江上游的护卫屏障地位越来越突出，宋王朝即升恭州为重庆府。重庆的工商业、运输业、农业经过唐宋两代的稳定发展具有了相当的水平，人口亦稳定增长。有人推算，在两宋的200多年间，重庆地区各州郡户数增加三倍多。经济与人口的增长增强了重庆的政治、军事实力，为以重庆为中心的长江上游抗元保卫战的长期坚持提供了实力保证。

重庆大户人家的雕花门窗

从明正德四年（1509年）至清康熙二十年（1681年）的一个半世纪内，天下动乱不止，重庆的人口与经济又是一次大衰退。当时重庆城里“然不过数百家，此外州县，非数十家，或十数家，更有止一二家者”。合州三县只剩百余人。永川、璧山、铜梁、定远、安居等县，“或无民无赋，萧条百里”。江津“人烟断绝”，大足“止逃存一二姓”。綦江县城荒废六年无人烟。这样，清初实行大移民，这便是所谓“湖广填四川”，是重庆的第四次大移民。据民国《巴县志 · 卷十》：“而土著为之一空，外来者什九皆湖广人。”当时全川移民在1 700万人以上，重庆府移民近200万，占当时即嘉庆十七年（1812年）总人口的85%。

第五次移民是抗战时期内迁移民。重庆作为中国战时首都与陪都，抗战期间有100万以上人口，400多家工厂、20多所大学，大量文化、科研、商业团

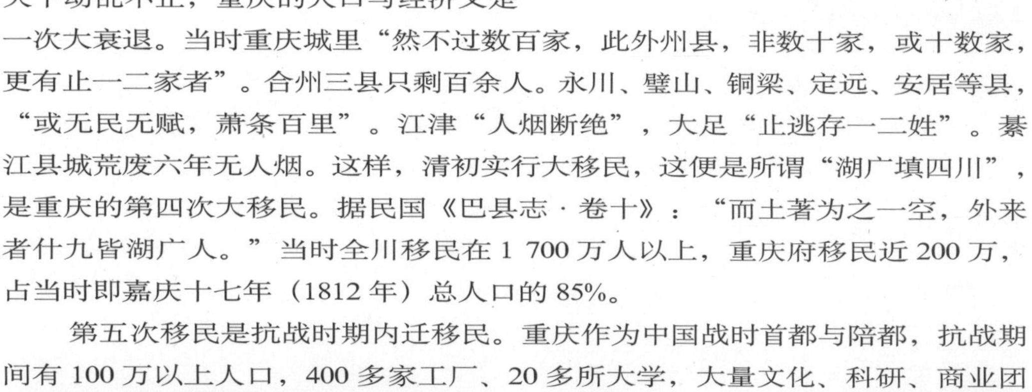
雕花门窗和雕花装饰在早期的巴渝本土建筑中并不多见，它的出现明显表明受到了移民所带来的文化影响

说重庆的老房子，先从两个山洞说开去。一个是巫山县庙宇的巫山猿人洞，一个是奉节县的兴隆洞。两个自然形成的[illegible]似乎算不得人工修造的老房子。但作为两百万年前巫山人的

渝东南地区的一座建于清代的祭祀土司的庙宇，它属较典型的巴渝本土建筑风格

体和党、政、军机构内迁来渝。其中相当多的人在抗战胜利后仍留驻重庆，成为永久移民。

第六次大移民则是解放后内迁重庆的三线建设单位。这次移民的单位、规模都是相当可观的。

当然，这六次移民是指“大规模”的，像平常的不间断的少量自由移民，以及南宋时期、元末明玉珍大夏政权时期的较多流量的移民这里未计算在内。重庆作为历代政府重点开发的大西南的重要地区，必然还有多次规模不很大的移民。今天的重庆人，绝大多数是移民和移民的后代组成的。移民是重庆人群的主要来源。

移民是一种社会选择。经过移民选择的人，一般具有下列性格特征：一，好动好闯，具有冒险精神，宗法观念、家族观念的束缚相对来说较少一些，当他们为生存和命运所迫逼上梁山后，敢于远离故土另辟新途；二，初来乍到一个陌生之地，为谋生、自卫与发展，必然高度务实；三，必须有与周围环境相协调的能力，努力向周围的人群和环境学习，而五方杂处的社会环境本身又提供了这种学习和交流的有利条件。因此，移民具有一定的开放性；四，移民们从不同地区移至一方，常常结成一定的团伙、行帮、同乡会等，利用团体的力量以安身立命，因而具有较强的群体意识和行帮习气。冒险、务实、开放性与好动性、行帮习气成为重庆人文化心态的主要方面。这是由“移民”这一历史状况所决定的，是“移民性”这一特征在重庆人身上的一种普遍反映。此外，作为重庆的移民还有其特殊一面。湖广填四川时的移民多为被迫离乡背井的穷苦农民，来四川后仍处于受剥削压迫的境地，很少受到文化教育。抗战迁渝人口中的较高文化结构者，大多在抗战后迁出重庆了。移民的流动性本身也限制了他们的文化积累。因而，重庆人的文化素养和文化基础是相当薄弱的，重庆的文化氛围在大多数历史时期内是不浓的。少旧文化旧观念束缚，少儒佛礼义而多巫风蛮气，少文而尚武是重庆人的又一特色。这也是由重庆历史上为汉族与少数民族杂居地带，是盆地与山地过渡地带的地理位置所造就的。

说完重庆的人脉，再说说重庆的地脉。

重庆母城区位于长江、嘉陵江汇合处，北纬 29° 34′，东经 106° 35′。重庆与四川、陕西、湖北、湖南、贵州相邻。境内山峦起伏、江河纵横，长江贯穿全境，与其众多支流构成中国西部最大的内河运输网，上达沱、岷、云、贵，下达荆、楚、湖、湘，直通长江中下游和海洋。重庆为联系中国西南、贯通长江上游与中下游的枢纽。

重庆气候属中亚热带湿润气候。冬季最低气温 0℃，夏季最高气温达 40℃，冬暖春早，夏热秋雨，秋冬多雾，秋、冬、春三季日照少、多阴天，是有名的雾都和火炉城市。

为简化起见，笔者用“大山大水大雾大火炉”粗略地概括重庆的自然环境。

说重庆的老房子，先从两个山洞说开去。一个是巫山县庙宇的巫山猿人洞，一个是奉节县的兴隆洞。两个自然形成的
似乎算不得人工修造的老房子。但作为两百万年前巫山人的

重庆人就是在这样恶劣的自然环境中创造着，发展着，建成了今天的重庆，创造着山城的历史和文明。重庆城的屹立本身就证明了重庆人的顽强品格和耐劳精神。

在相当长的历史范围内，大山大水阻隔了重庆与外部世界的联系，因而使之长期处于封闭落后的状态。即使到宋代，这里仍是官员们受贬流放之地。随着商品经济的发展和川江、嘉陵江水运的开发，重庆遂成为西南的商品集散地。据乾隆《巴县志·卷三》描写，渝州是“三江总汇，水陆冲衢，商贾云集，百物萃聚”，“或贩自剑南、川西、藏卫之地，或运自滇、黔、秦、楚、吴、越、闽、豫、两粤间，水牵运转，万里贸迁”。江河水利使重庆成为米、糖、山货、盐、布的大码头，因而各省商人云集重庆，商人在重庆城市居民中占有相当比例。清代中期，重庆的商业人口在某些街坊如定远坊、紫金坊、灵壁坊占总人口的 68% 以上（同治《巴县志·卷二》）。重商倾向成为明清以后重庆城市居民的一个重要习性。这在“重本抑末”的封建社会是非常不易的。

由于长江黄金水道巨大的政治、经济意义，近代西方列强对重庆作为商品集散地的战略地位非常敏感，重庆被迫成为我国第二十个通商口岸，于 1891 年 3 月 1 日正式设立并开放重庆海关。在西方资本的刺激下，重庆开四川风气

之先，办起了第一批民族资本工业企业以及第一份宣传维新思想的《渝报》；产生了一大批重庆的民族企业家、实业家；诞生了伟大的民主革命宣传家邹容；诞生了四川民主革命政权蜀军政府……其中，邹容和卢作孚成为重庆人最杰出的代表。邹容的民主精神、牺牲精神、刚烈性格，卢作孚的实干精神、社会责任感和民族自强意识是巴渝精神最光辉的典范。

大山大水在功利上阻隔又疏通了重庆与外界的联系，在美学上塑造了重庆人逢山开路、遇水架桥、男儿刚烈如山、女儿柔情似水的性格。古人云：仁者乐山、智者乐水。重庆有大山大水，重庆人则仁智双全。这“仁”，在重庆人眼里，并非“仁者爱人”之仁，也非“仁，二人也”之仁即封建的纲常伦理之仁，而是一种正义感，是刚烈勇敢。勇为仁，如巴蔓子的以头谢楚，如邹容的自动入狱。这“智”，对于重庆人来说，普遍表现出的是一种小机智，一种小智小慧，甚至是一种滑稽幽默。

大雾高湿度，大火炉高温度，对重庆人文化心态的影响是很大的。重庆人爱喝酒去风湿，吃辣椒驱寒去湿，形成重庆人饮食的基本特征：重辛辣。辛辣之食又不能常是藤菜萝卜，所以重辛辣又演化出重油荤的特征。

大雾和阴沉天气还给重庆人的心理上留下阴影。移民性中的好动好斗同这种阴暗心理相结合，在文化氛围淡薄的环境促动下，便产生了重庆人“恶作剧”的一面。

酷热高温的夏天对重庆人产生“火炉效应”：干燥、火暴，好走极端，不通商量。重庆的群架是全国第一流的，重庆的武斗是全国第一流的，重庆的亡命徒是最多的，破坏性是很大的。重庆人尚武，天生有一种“武化”的倾向。

说了重庆的人脉、地脉，现在该说说重庆的文脉了。在重庆独特的地脉、人脉以及历史走向的共同作用下，重庆文脉的脉相和脉向有以下四个特色。

第一，巴渝文化特色。1987年，重庆市博物馆的专家们认识到重庆和原川东地区的古代文化与以成都为中心的蜀文化有明显的差异，便明确地正式提出了“巴渝文化”的概念。尽管当时没有对巴渝文化的内涵与外延进行界定，巴渝文化的轮廓线也不十分清晰，但随着与重庆出版社联合出版的带有馆刊性质的《巴渝文化》一至四集的出版，在学人圈内不少人赞成这一命题。随着重

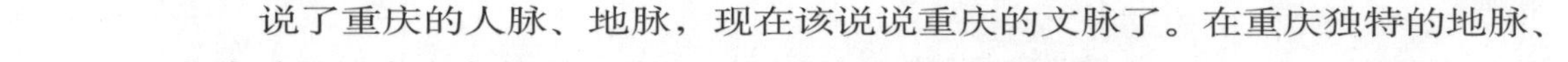

20世纪20年代的渝中半岛旧貌

庆成为中央直辖市的需要，它已经成为重庆及周边大众乐于接受的命题。这里的“巴”，既指巴人、巴国、巴族、巴文化，又指大巴山以南及整个三峡一带巴人曾经活动过的地区；这里的“渝”，既指渝水即嘉陵江流域，又指渝州即以重庆为中心的这片土地和这一地区。我们把以重庆为中心、大巴山以南、巫山以西、嘉陵江和峡江流域范围内，以巴民族为代表所创造的区域性古代文明称为巴渝文化。巴渝文化属于农业文明范畴，是我国古代南方文化的重要一支，带有浓厚的巫文化色彩，并受到中原文化和中国西部文化强烈的辐射与灌溉。巴人生性勇猛善战，刚烈信义，受大山大水孕育造化和生存环境险恶的挑战，造就了重庆人尚武好动、吃苦耐劳、质朴幽默的性格。而重庆历史上的六次大移民，培育了重庆人冒险、务实、团结的精神。因此，巴渝文化中许多优秀的传统是应该得到继承和光大的。设立直辖市后，巴渝文化得以整体凸显。这是重庆文化的第一个特点。不少人把“巴渝文化”作为“重庆文化”的别称，这是个概念广义的巴渝文化。

第二个特色是三峡文化。就文化内涵而言，它与巴渝文化有相当多的重叠。但三峡文化不仅是古代区域性文化，而且随着历史的进步在不断发展，其中包括这一次三峡工程中的文化建设和今后三峡库区的文化发展。由于长江三峡独特的自然景观和险要的地理区位，多少万年以来，从原始先民到今天的建设者们，在这里演出了一幕幕或壮烈雄奇或婉约绵长的历史与现实交映的活剧，创造了独特的三峡人文精神和人文景观。峡江的居民依附它，开发它；军事家占领它、利用它；探险家摸索它、发现它；艺术家赞美它、神化它；匆匆旅客游览它、美化它。人们总是根据自己的需要在征服、改造着三峡，而三峡的回报或是丰收与喜悦、神奇和美、胜利和微笑，或是对抗与灾害、失败与悲恨、肆虐与贫穷。三峡文化正是这种人与三峡共存共处，互相改造，共同升华，共同养成的积淀，是三峡地区物质文化与精神文化的表征和聚合。设立重庆直辖市后，三峡的大部地区划入重庆范围，而三峡库区建设又迫使我们将这一地区的文化建设与移民，与社会发展作全面的思考和实践，因而建设三峡文化长廊的任务紧迫地摆了在我们面前。

千厮门水码头的老房子

重庆文化的第三个特色是大后方抗战文化。抗战时期，重庆作为中国战时首都与陪都，作为世界反法西斯战争的远东指挥中心和中国大后方的政治、经济、文化中心，作为中国共产党倡导的以国共合作为基础的抗日民族统一战线最重要的政治舞台和实践场所，创造了辉煌的大后方抗战文化。这是重庆文化史上最光芒四射的一章。尤其是在此期间，周恩来同志亲手培育的“红岩精神”，更是重庆人民的传家宝和精神动力。

第四个特色是都市现代文化。重庆在抗战时期完成了城市近代化的进程。新中国建立后，重庆踏上城市现代化的道路，改革开放尤其是直辖市设立，加速了城市现代化发展。重庆已经形成了较为完备的科学研究与技术普及相结合的科技工作体系，学校教育与社会教育相结合的教育体系，全民健身与竞技比赛相结合的体育体系，群众文艺与专业文艺相结合、城市文化与农村文化相结合的文化艺术体系，古代文物与近现代文物相辉映的文物工作体系，国办与民办相结合的文化市场体系，以及新闻出版和广播电视体系。我们应当进一步加强这些网络和体系的建设，形成综合效应，为重庆的经济和社会发展加速。

认识重庆文脉以上四个显著的特色，目的是发挥优势，扬长避短。作为国家级历史文化名城，我们有如此丰厚的文化积淀和良好的文化优势，比起京派文化、海派文化、津门文化来并不逊色。

龙潭河畔的老房子

承载重庆历史与文脉的老房子

如前所说，重庆的历史和现实五次影响着世界历史与文化，是一座具有世界历史和文化价值的城市；重庆的人群是由历史上的六次大移民累积和繁衍而来；探讨形成重庆人的文化心态的诸要素时不能不考虑“大山大水大雾大火炉”的自然要素，不能不考虑历史和移民的要素。所有这些自然的、历史的、社会的要素组合在一起，在历史老人的催生化合之下，便形成了重庆文化的四大特色，也可以说是构成重庆文化的四大板块，即巴渝文化、三峡文化、大后方抗战文化、都市现代文化。

我们选择这些文化的载体中最重要的有形物质载体——重庆老房子——来讨论，来展开漫谈或漫游。之所以选择老房子，一是因为它的普适性、大众性；二是它的神秘性，很多人想了解这些老房子是谁建的、怎么建的、为什么建的及老房子里发生过什么。三是说老房子比说“老建筑”“不可移动文物”等什么的更随意些，不用那么多学究气，也没有过分严格的标准、定义、内涵和外延什么的。这份自由的心态，肯定符合绝大多数重庆老房子不拘定式、随形就势的建筑理念，符合重庆历史和文脉中“山高皇帝远”的境况。

说重庆的老房子，先从两个山洞说开去。一个是巫山县庙宇镇的巫山猿人

百年老屋的层层砖瓦

九曲回肠的老街巷

洞，一个是奉节县的兴隆洞。两个自然形成的山洞，似乎算不得人工修造的老房子。但作为200万年前巫山人的居所和14万年前奉节人的居所，确实是无比的珍贵。在建筑艺术史专家眼中，它们被列为前建筑活动，属人类早期的“自然掩蔽所”中的“岩洞居”类型。前者的珍贵在于它是亚洲最早的人的“家”。后者的珍贵在于它珍藏了人类最早的艺术品——一对刻意安放的象牙，而象牙的末端有14万年前人工刻画的痕迹。我以为这对精心安放的有刻画符号的象牙，可能还和一种原始的宗教仪式有关。说兴隆洞是人类最早的展示厅、宗教堂也许不为过。著名古人类学家黄万波先生在《14万年前的“奉节人”》一书中不无自豪地宣布：“现代东亚人的由来和他们的文化组合面貌，至少在14万年前就已出现。”更值得一提的是，这两个自然洞穴，由于它们的居住者和居住者的遗物被发现，使它们成为改写世界历史进程和世界文化布局的地方。这是重庆这片土地的骄傲。

对于早期人类来说，岩洞是当时最好的居所了。岩洞可遮风雨，可保火种，可藏食物，可防野兽和敌人的侵扰。巫山人洞穴里大量的兽骨，似乎让我们看到他们当时共同打猎、共同分享猎物的生存状况。根据专家的研究，巫山人在巫山大庙的猿人洞里前后居住了20万年，直到地质灾害造成洞穴损毁。这是重庆最早的，使用得最久的“老房子”了。而环境考古还告诉我们，不管是200万年前的巫山人还是14万年前的奉节人，他们当时生活在亚热带湿润温暖的季风气候里，有充足的水源森林，以及宽阔、富饶的林间草地。这宜人的居住环境条件，成就并养育了巫山人和奉节人。他们比起那些栖身大树上过树居生活、栖身崖下过崖居生活的人来说，不知要幸运多少倍。树居以后发展为巢居，再发展为干栏式建筑，为中国南方普遍的建筑形式。崖居在贫穷的山区则绵延很久。就重庆而言，直到20世纪末，在政府的干预下，将居住岩厢的居民搬进村镇，才算较彻底地消除了这种古老的居住方式。

下面按类别分述重庆老房子。如前所说，由于“老房子”不是一个严格的概念，这里只是把相近似的老房子归归类，粗浅地梳理梳理，以便阅读。由于老城门、老场镇、老街巷等另有分册论及，这里就不再赘述。

石阙与牌坊

严格说，石阙与牌坊只能算地面构筑物，算不得老房子。但由于它们和老房子的联系紧密，还蕴涵着沉重的文化内涵，已成为一个社会符号，值得一提。

重庆石阙是重庆现存的最早的地面建筑。人们常说“宫阙”、“汉家陵阙”，《诗经》所云“挑兮达兮，在城阙兮”中的“城阙”，是阙最早的建筑功用，即立

大坪“乐善好施”牌坊

大坪七牌坊之一

大坪七牌坊之二

在城门两侧、宫门两侧、道路两侧的楼阁。汉代重门阙制度、重厚葬，早先具有实际功用的作为门楼子的阙便逐渐礼仪化、抽象化为显于门前或墓前的石阙。重庆石阙正是这样的产物。

已发现的重庆石阙有5处，即江北盘溪无铭阙、忠县无铭阙、忠县丁房阙、忠县乌杨阙、万州武陵阙。由于三峡蓄水的缘故，忠县无铭阙、丁房阙现移至忠县白公祠，乌杨阙和武陵阙作为发掘品移至重庆中国三峡博物馆，仅盘溪无铭阙仍在原处。据考证，这五处石阙皆为东汉至蜀汉时期所建。从构造上来看，石阙通常由阙基、阙身、枋子层、阙盖四个主要部分组成，有些阙在阙身与阙盖之间有腰檐、阙楼。一般在阙身及以上部位刻有青龙、白虎、朱雀、玄武四神，伏羲、女娲、角神、力兽、铺首及仿木结构的斗拱、檐口等。除丁房阙外，皆为墓阙。丁房阙由于建后干扰过甚，风化过甚，以及人们对“汉都尉丁房”铭文的理解不同，存在“丁房墓阙”和“巴王庙庙阙”的疑问。

以乌杨阙为例，来认识一下汉阙。此阙为2001年重庆考古工作者在忠县乌杨镇将军村考古发掘所获，现安置于重庆中国三峡博物馆大堂。将军村，传说是蜀汉将军严颜的故乡。当年石阙建于长江岸边，面朝大江，背后为花灯坟墓地，为汉至六朝的家族墓地。由于很久以前的一次地质灾害，该阙轰然倒塌，散落于江边沙滩，渐为流沙所埋。该阙因祸得福，减少了千年左右的风化，显得十分年轻。目前，它不仅是在重庆，就是在全国30多处汉阙中，也是保存得最好的一对汉阙。

该阙为重檐庑殿顶双子母阙，通高 5.4 米。母阙至下往上依次为阙基、阙身、枋子层 A、阙楼、枋子层 B、阙盖。子阙依次为阙基、阙身、枋子层、阙盖。母阙无铭文，雕刻有朱雀、铺首、尤其是一对长达两米的青龙、白虎分列左右阙身，造型刚劲有力，诚为珍品。阙身以上部分刻有仿木建筑，尤其是宽大的阙盖上刻有檐、瓦、脊、椽、枋等，是我们今天所能见到的汉代重庆老房子结构最好的实物佐证。

石牌坊是明清之际标示富贵、功名、节孝的构筑物，多设于城镇入口处要道上，从这个意义上说，它是沿袭了汉阙的功用。与石阙同时代或比之更早的，应该是砖木结构的门阙、宫阙、墓阙，但在时间的摧残下，我们只见到石阙。同样的，与石牌坊并行的或更早的，应该有木牌坊或砖木牌坊，但我们今天只能见到石牌坊了。

明清时代，重庆的石牌坊应该是很多的。其中一部分仍散落在区县郊野，如璧山朝元寺牌坊和云阳、渝北的牌坊。而最有代表性的是大坪的“七牌坊”。古代重庆只有一座通远门为陆路开放的城门，开关通往成都的官道。从通远门出城，经佛图关、石桥铺、白市驿、璧山至成都。因而老重庆的石牌坊，多建立在这一线上。大坪七牌坊正好在佛图关至石桥铺之间。从乾隆三十三年（1768年）至清末，这里先后建了德政坊、节孝坊、人瑞坊等九座牌坊。抗战时期，日机轰炸重庆，炸毁其中两坊，此地遂得名七牌坊街。文化大革命中，牌坊全被拆毁。野蛮的日本飞机炸，无知的中国小儿拆，这一石制的牌坊群终未能逃出厄运。这从另一个侧面告诉人们，要保住重庆的老房子、老建筑是多么不易！

石桥铺二牌坊

石桥铺一牌坊

重庆的老房子，先从两个山洞说开去。一个是巫山县庙宇镇山猿人洞，一个是奉节县的兴隆洞。两个自然形成的山洞，但作为两百万年前巫山人的居算不得人工修造的老房子。

老房子

渝北民俗村石牌坊

寺、观、庙、祠、书院与会馆

俗话说山高皇帝远。由于皇帝远，重庆没有留传下来宏伟的王城宫殿。虽然重庆三次为都，但巴人之都时代久远且迁都频仍，连都城的遗址尚在寻考中，何况方国之都，其规模与形制可以想见。明玉珍大夏政权虽称王又称帝，但说到底也只是个短暂的农民割据政权，在元末明初的烽火年代，很难在建构上有所作为，而当年的大夏皇宫即后来的长安寺，早已荡然无存了。第三次建都是重庆历史上唯一一次成为全国性的政治、文化中心，成为抗战大后方的军事、经济中心，但同样由于战争的原因，它不可能在建筑上留下什么辉煌之作，虽然这一时期对于重庆来说是十分重要的。最有价值的是当年的国民政府楼，也在 20 世纪 70 年代被无端拆除，这是令人痛心的。但重庆还是保留了一部分这一历史时期的老房子。这一点后面再说。

由于重庆没有高规格的王城宫殿建筑，寺、观、庙、祠、书院与会馆就成为重庆最重要的老房子了。

先说佛寺与道观。

重庆重要的佛寺建筑有北碚缙云寺（含下殿温泉寺）、北碚静观塔坪寺、合川净果寺、沙坪坝磁器口宝轮寺、潼南大佛寺、江津大佛寺、南岸大佛寺、南岸涂山寺、九龙坡华岩寺、梁平双桂堂、合川涞滩二佛寺、渝中区罗汉寺、南岸慈云寺等等。根据记载，从 1500 年前的南朝刘宋时代至民国年间，重庆的佛寺建筑几度兴衰，如今保留下来的多为明清时期建筑。

重庆的重要道观建筑有渝中区东华观藏经楼、南岸老君洞、江津朝源观。

重庆的佛寺与道观虽然在建筑学上没有突出的创造，但由于重庆的山水环境符合佛、道的出世思想，因而重庆佛寺与道观更趋于将建筑与山水园林构成整体，在选址上更加注意与环境的和谐统一，这是非常难得的。

再说重庆的庙祠。

南岸慈云寺全景

说重庆的老房子。先从两个山洞说开去。一个是巫山县庙宇的巫山猿人洞，一个是奉节县的兴隆洞。两个自然形成的……但作为两百万年前巫山人的……似乎算不得人工修造的老房子。

重庆的老房子。先从两个山洞说开去。一个是巫山县庙宇镇[illegible]山猿人洞，一个是奉节县的兴隆洞。两个自然形成的山洞，乎算不得人工修造的老房子。但作为两百万年前巫山人的居

涞滩灵鹫峰上的二佛寺

俯瞰万天宫

这里主要说的是重庆的文庙、武庙和家族祠堂。

寺、观是佛教、道教活动的场所，而庙、祠常常是纪念名人和祭祀祖先的场所，也可以说是从事政治教化的地方。独尊儒术、普及教化的尊儒重教的传统为历代地方长官的执政之本，这在重庆也不例外。纪念孔子的孔庙，也称文庙，是每府、每县必设的。重庆现存的文庙建筑有：巴县文庙、璧山县文庙、武隆县文庙、奉节县文庙、涪陵蔺市文庙、忠县拔山镇文庙。重庆最重要

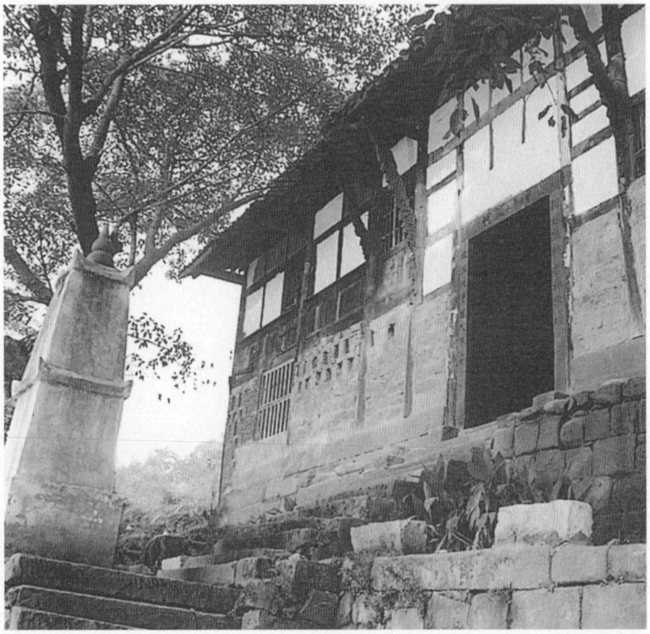

乡镇小庙

铜梁安居镇的城隍庙

九龙坡走马镇关帝庙戏台

都邮街关帝庙之关公铜像

的文庙当数重庆府文庙，建于宋绍兴年间（1131—1162年），明洪武四年（1371年）重建。泮池，又称夫子池，今解放碑夫子池地名即由此来。大成殿即为祭孔的主殿，塑有孔子像。后有祭奠孔子父亲的启圣祠。大成殿前有星门。主殿外配有名宦祠、乡贤祠、明伦堂、尊经阁、魁星阁、礼器库、学署等。抗战时大部分被日机炸毁。解放后连魁星阁也被拆除。重庆市民只有从“魁星楼”和大众游艺园的名字里，或从重庆中国三峡博物馆的“魁星阁”模型里记忆重庆府文庙的影子了。

有文庙亦得有武庙。文祭文圣人孔夫子，武祭武圣人关羽，武庙也称关帝庙。一个文圣，一个武圣，这也是两千年的传统礼教造出来的两个杰出代表人物，是两千年来为历朝历代所需要的典型。现存的重庆武庙有铜梁武庙、酉阳龚滩武庙、石柱鱼池武庙、九龙坡走马关帝庙、石柱西沱关帝庙、巫山大昌关帝庙，渝中区都邮街关帝庙。这其中最重要的为都邮街关帝庙。此庙为重庆府武庙，初建于明，重建于清初。较场口建设公寓内保存其大殿。原大殿内供奉的清代关帝铜像则于建国初移至枇杷山重庆市博物馆，21世纪初移至重庆中国三峡博物馆《壮丽三峡》展厅。

在重庆和三峡地区，除文庙、武庙外，还有祭祀张飞的张王爷庙。刘、关、张三人之死都与三峡有关。加上张飞性情豪爽忠勇，乐于助人，成为在凶险的三峡水道上解危济困的诉求对象，文人喜欢他，民间供奉他。最有名的张飞庙

云阳彭氏宗祠箭楼，此楼为庙祠合一

当推云阳张恒侯庙。该古建筑群为清代以来不断增修而成，加上历代文人题诗作画加以歌颂，遂成为文藻胜地。它活泼的屋顶式样，依山就势的布局给人强烈印象，尤其是它选址的成功之处令人敬重。它背靠高山，向北面对浩浩长江，这种面江靠山的气势正好衬托张飞的刚猛之气，不规则的庙门斜向西方，表达张飞对刘备的忠贞，而与县城隔江相望，一方面使庙堂远离火烛之灾，一方面又与县城与民众互为人文依衬，互相趋动而向前。三峡工程移民中，云阳张恒侯庙上移 30 千米，根据上述原则同样选择了南靠高山，北面长江，隔江与新县城相望、修旧如旧的原则，成为新三峡中的著名风景，成为三峡文物保护乃至全国文物保护中一个成功的典型。张飞则成为三峡大移民中一位最昂贵的“移民”。

璧山县林氏宗祠

重庆的家族祠堂远不及江浙一带的祠堂精美、气派，也不及北方

酉阳龚滩镇的董家祠堂

和中原地区的庞大、古朴。究其原因，一是本地豪门望族的文化势力和经济实力方面尚待发展；二是部分移民入重庆的大姓人家尚在休养生息中；三是明清之际乡绅势力的发展受到多重限制尤其是城市化影响，受到西学东渐风气的冲击；四是在建筑文化的发展上受到以上多重制约，且在建筑技术的综合上有待进一步提高。在重庆江津、潼南、云阳等地的祠堂建筑中就有这方面的反映。此类宗祠属古代民居建筑。较有代表性的云阳彭氏宗祠，为当地彭氏聚会、祭祀、家学、议事、自卫的场所，修造于清咸丰至同治三年（1851—1864 年），是重庆现存最完整、最有特色的宗祠。其建筑面积达 2 600 多平方米。与之相邻的彭氏老屋近 2 000 平方米。民国《云阳县志》中有记载。彭氏宗祠以箭楼为建筑中心，前有正门、戏楼，后有享殿，两边为厢房。箭楼通高 30 米，原 11 层，现存 9 层，实为不可多见的老房子。

重庆的书院和会馆。

书院是社会文化发展到相对成熟时期的产物。我国的书院起于唐而盛于宋。重庆的书院兴建亦在唐宋之间，如创建于唐贞观年间的大足南岩书院，在宋代闻名朝野的涪陵北岩书院，合川濂溪书院（其前身为瑞应山房）等。到清代，重庆有书院 120 多所，如渝州书院、缙云书院、字水书院、观澜书院、算学书

江津黑石山上的聚奎书院一角

院等等。现存的书院有南川海鹤书院、江津聚奎书院、涪陵白岩书院。

会馆则是商品经济发展的产物。重庆地处中国中部与西部的结合处，是长江水运和西南陆运的商品转运地和集散地，又是全国性移民的集散地，所以重庆的会馆特别发达。会馆既是建筑群，更是社会组织形式，多为联络同乡、同业的议事、办事、接待场所，这种功能又决定了会馆一定要起到彰显本源地地域文化特色和行业及地方神祇魅力的作用，以聚人心，以显其贵，以扬其声。因此，重庆的会馆尤其是位于重庆母城的会馆群具有会馆省份多、建筑规格高、文化精美的特点。全国十多个省份都在重庆母城设立了省一级的会馆，它们是湖广会馆（湖南、湖北称湖广）、江西会馆、福建会馆、陕西会馆、浙江会馆、江南会馆、广东会馆、山西会馆、云贵公所。有些省级会馆内又设有若干州府级会馆，如湖广会馆内的齐安公所即为湖北黄州府会馆。

重庆会馆群的建筑规格高、文化精美。坐落在重庆母城的重庆会馆群主要是同乡会馆，这些会馆代表它们本源地的建筑水平、文化面貌和文化的核心价值。湖广会馆是湖南、湖北的商人集资修建的，其楚文化的内涵丰富，表达充分。其供奉的神祇为大禹，因而湖广会馆亦称禹王庙、禹王宫。两湖之人将他们本源地对洪灾的敬畏随着会馆的建立带到重庆，而重庆亦有水患之忧，重庆的地方长官和居民为求一方平安，也要对禹王爷心存敬畏，加以供奉。广东会馆供奉南华老祖慧能，因而也称南华宫。慧能为佛教禅宗六世祖，南宗创始人，生于唐贞观年间，广东新州人。其祖庭在广东韶关南华寺。江西会馆供奉道教许真君许逊。许逊，晋代江西南昌人，生于239年，为官清正，为民除病，归故乡传道，据传长寿136岁。宋真宗封其为“神功妙济真君”，改其道观为“玉隆万寿宫”，故江西会馆又名万寿宫。陕西会馆和山西会馆供奉出生于山西的武圣人关羽，故又称三元庙、三圣宫，也有合为山陕会馆的。福建会馆供奉妈祖，又称天后宫、娘娘庙。江南会馆供奉准提观音，又称准提庵。准提观音三目十八臂，法力无边，是能保佑芸芸众生的大慈悲圣者。浙江会馆供奉伍子胥，以及吴越本土诸神，又称列圣宫。云贵公所供奉黑神，又称黑神庙。黑神的原型为唐肃宗时的南霁云将军，因其忠勇不屈死后受封“贵州黑神总管荣禄大夫”。故黑神庙又名忠烈宫。重庆的各省会馆供奉的各路神仙，增加了会馆建筑的精致和文化内涵。为了娱神，同时更为了娱人，为了显示各地文化的高贵与特色，多数会馆建有精美的戏台，展演各地地方戏剧。这进一步丰富了会馆的建筑形式和功能。重庆的会馆势力曾一度左右重庆政局，这从侧面反映出会馆的兴盛。就重庆保存至今的古建筑的规格而言，湖广会馆即禹王宫为重庆现有的最完整、规格最高的古建筑。

綦江东溪镇古戏台

重庆老民居

这里的老民居指传统民居。这些传统民居大多数集中在重庆现存的 20 多个古镇及传统街巷和风貌区里，而本丛书有《老城门》、《老街巷》专册谈及它们，这里从略。现存的重庆传统民居主要有两大类，一类系从长江中下游和中原的民居建筑传统中吸取要素，建筑于重庆山间宽谷和平坝地带，甚至带有官式建筑痕迹的古民居，可简称为汉族正统民居，如南泉彭氏民居、潼南杨氏

说重庆的老房子，先从两个山洞说开去。一个是巫山县庙宇的巫山猿人洞，一个是奉节县的兴隆洞。两个自然形成的山洞似乎算不得人工修造的老房子。但作为两百万年前巫山人的

民居，涪陵陈氏民居等。另一类为从土家族传统建筑中吸取要素，普遍建于三峡和重庆的陡峭山坡上的山地民居。这类山地民居俗称吊脚楼。而土家族吊脚楼是最有代表性的。张良皋先生对此深有研究。他认为，土家族吊脚楼中的“板凳挑”，是巴人建筑文化中最重要的贡献之一，其标志性不亚于斗拱之于官式建筑。板凳挑甚至成为巴文化覆盖地域的证明。吊脚楼把干栏式建筑发挥到极致，实在是出于随山就坡的无奈。但人们的智慧也正在于此。重庆山地建筑特别发达，累屋重居很早就是重庆母城的建筑特色。“天平地不平”、“天不平地不平”的建筑在重庆和三峡的老民居中屡见不鲜。不过也有夸大的现象发生。有一幅

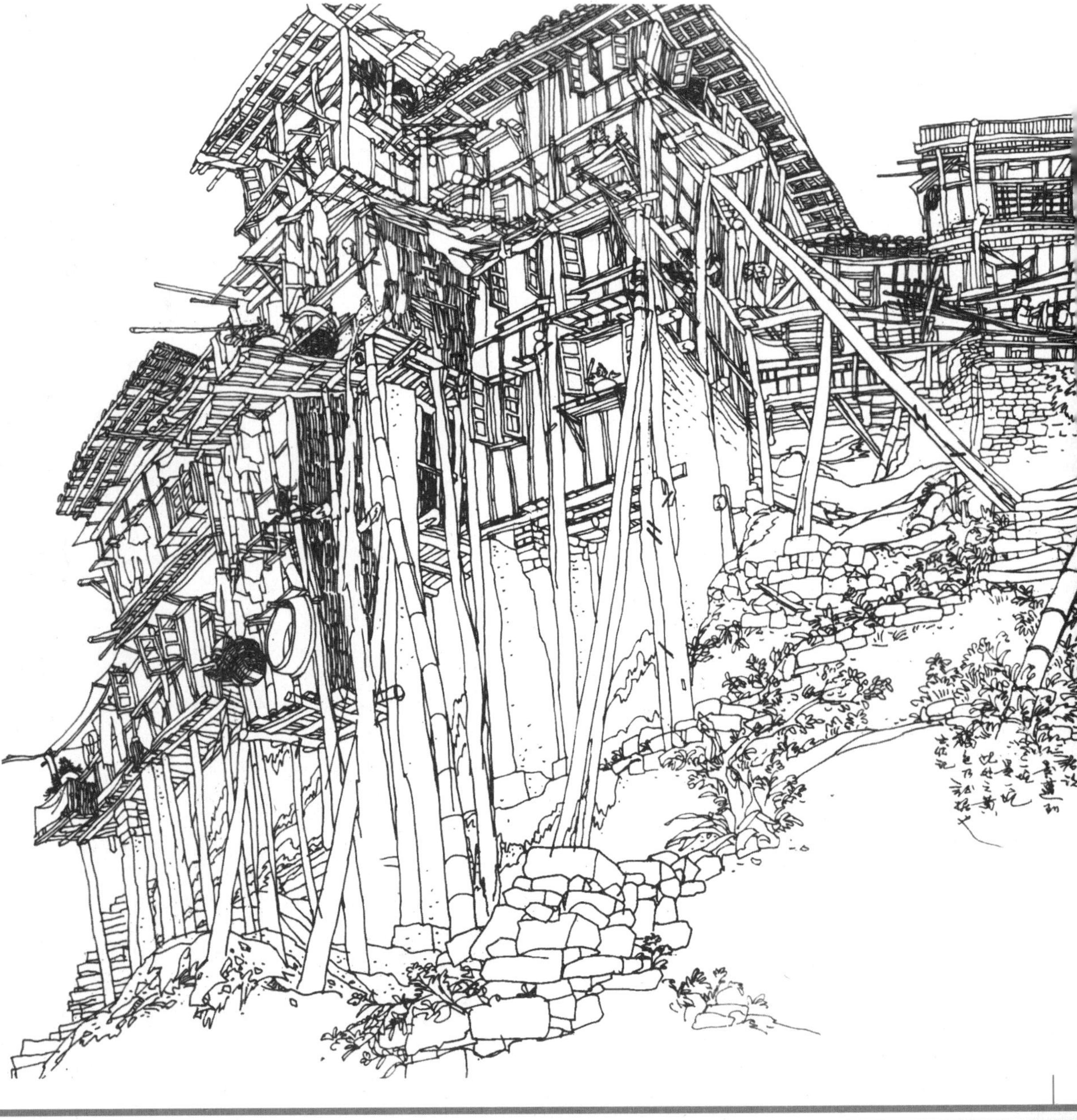

说重庆的老房子，先从两个山洞说开去。一个是巫山县庙宇
的巫山猿人洞，一个是奉节县的兴隆洞。两个自然形成的山
似乎算不得人工修造的老房子。但作为两百万年前巫山人的

南岸长江边的捆绑吊脚楼

摄于20世纪20年代的朝天门照片，常常被用作表达重庆吊脚楼。但笔者认为那图片中表现的不过是朝天门外在长江枯水季节临时搭建的工棚或商棚。这种临时竹棚在三峡蓄水前的临江县城水码头附近非常普遍，涨水前拆，水退后再搭建，以竹木为原料。笔者在前几年的云阳、奉节、巫山甚至忠县石宝镇等地常常见到。

在重庆老房子的发展史上，有两个特殊的历史时期值得一提。一个是重庆开埠时期，19世纪末和20世纪初的这20多年；一个是陪都时期，即1937—1949年这段时期。在开埠前后，西风东渐，反映在建筑式样上，除生搬西洋教堂外，新出现中西融合的新古典主义。最有代表性的是建于1896年的巫山庙宇镇的天主教堂，用白墙青瓦的中国传统材料建的却是西方的带穹顶的教堂。而在一些商业发达地带，如重庆主城、万州老街，一些中西合璧的民用建筑把新古典主义的温情表达得淋漓尽致。在陪都时期建的重庆老房子，则更多地带着这一风云际会的大时代的优劣。但不论它们在建筑上的优与劣，都强烈透出时代的社会符号，成为承载中华民族这段历史的不可多得、不可替代的柱石与脊梁。作为中国战时首都的重庆，为抗日战争这场民族保卫战争作出了巨大的贡献，这段风云激荡的历史，也给重庆留下了十分丰富的文物遗址。虽然经过半个多世纪，但在重庆市民、文化工作者及社会各界的保护下，6万多册抗战版本图书、报刊，1.5万余件抗战文物资料，200多处陪都遗址得以保存。在这200多处遗址中，有全国重点文物保护单位红岩村、张治中公寓即“桂园”、合川育才学校，有市级文物保护单位蒋介石的多处旧居、韩国临时政府旧址、林森墓、民盟总部旧址、复旦大学旧址、“六五隧道惨案”旧址等几十处。这些文物、文献、遗址、遗迹，都是中华民族这段悲壮而辉煌的历史的不可替代

1939年重庆市区民房被日机轰炸的情形

的载体，是中国人民为世界反法西斯战争的胜利、为维护世界和平作出了卓越贡献的不可替代的佐证，是全球华人伸张正义，救亡图存的民族精神的物化表现，是国共合作、共赴国难、奋力拯救中华的历史见证。

国民政府迫于战争需要迁都重庆，在客观上坚定了全国人民抗战的决心。为摧毁中国政府和中国人民的抗战决心，从1938年10月4日到1943年8月23日，日军出动了9 513架次飞机，对重庆实施218次轰炸，1.4万余条生命在轰炸中死去，1.3万多人被炸伤，数以万计的房屋焚烧倒塌。重庆是当时遭受轰炸最惨重的城市。记录着日寇大轰炸暴行的“六五隧道惨案”遗址（1941年6月5日，较场口、十八梯）让人们永远铭记着历史的这一页。

迁都重庆后，重庆成为以国共合作为基础的抗日民族统一战线的最重要的政治舞台。1939年1月16日，以周恩来为首的中共中央南方局在重庆成立。尽管皖南事变两党关系濒临破裂，但抗日民族统一战线的大旗始终没有倒下。八路军办事处在重庆的设立，《新华日报》在渝的公开发行，就是国共合作，领导人民坚持抗日的有力说明。以毛泽东为代表的共产党在抗战胜利后，以民族大义为重，在重庆与国民党进行谈判并签订了《双十协定》，给重庆人民留下了美好的一页。红岩村、周公馆、“桂园”和德安里一号、二号楼等，都是国共合作的历史见证。

在国共合作的基础上，重庆政治舞台第一次出现了多党合作的新气象，深远地影响了中国的政治格局。1941年3月19日改名的中国民主同盟，连同1941

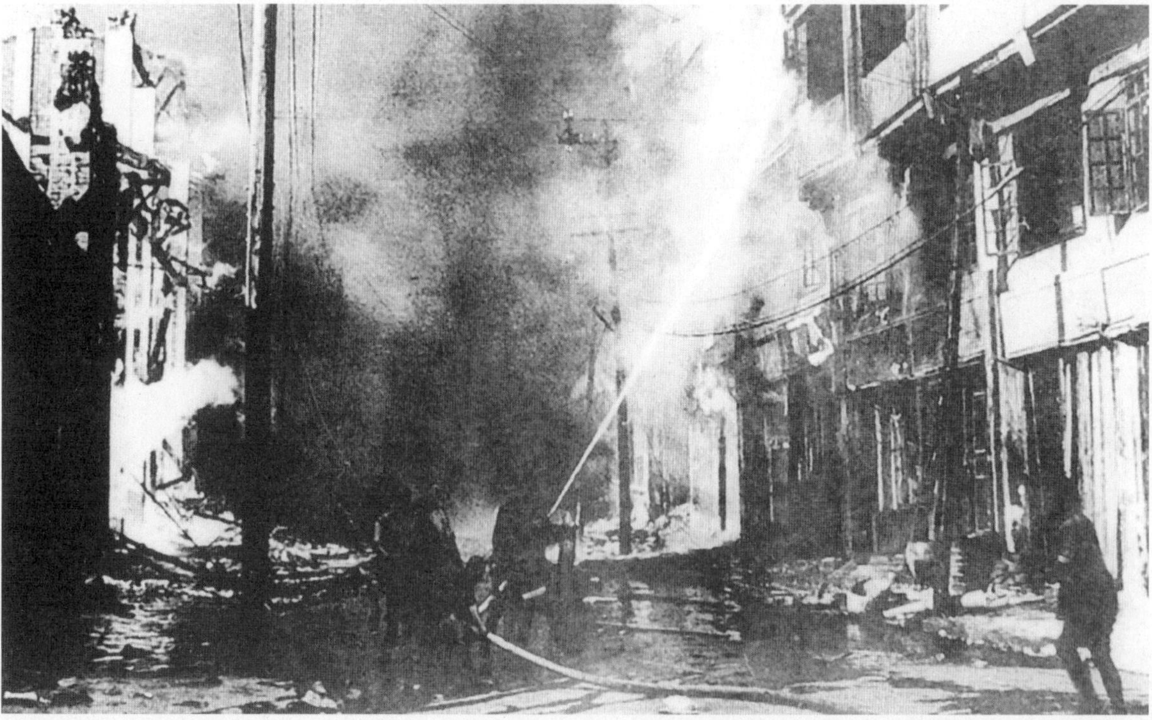

重庆市中心繁华街区遭日机轰炸后的情形

重庆的老房子。先从两个山洞说开去。一个是巫山县庙宇镇山猿人洞"，一个是奉节县的兴隆洞。两个自然形成的山洞，乎算不得人工修造的老房子。但作为两百万年前巫山人的居

朝天门的民居遭日机轰炸后的情形

纯阳洞居民区遭日机轰炸后的情形

北碚街区遭日机轰炸后的情形

年夏天成立的“小民革”（中国民主革命同盟），1945 年 12 月 16 日成立的中国民主建国会，1945 年 9 月 3 日筹备、1946 年 5 月 4 日成立的九三学社，共有三个半民主党派（如算上“无党派”则为四个半）是在重庆成立的。重庆是中国民主党派的发祥地（这还没有计算青年党、国社党）。上清寺的特园（有名的“民主之家”）、人民路民盟总部旧址等都是十分有纪念意义的老房子。

说国民参政会具有某些战时国会的意味，也许不为过吧。1944 年 9 月，中共参政员林伯渠呼吁建立民主联合政府，得到美国罗斯福政府的赞同。从国民参政会到 1946 年初召开的政治协商会议，再到较场口事件，说明现代民主政治在当时专制主义的浓云密雾中的确曾露出些许微光，国民参政会遗址、较场口遗迹不是在这样提示着世人吗?

陪都时期，近 100 万人口、30 多所大学、200 多家工厂（实际不止此数，战后重庆有工业、企业 1 700 家）迁来重庆。当时重庆工业区沿长江东起长寿，西至江津，沿嘉陵江北到合川，是当时大后方唯一的综合性工业区，是抗战时期中国的金三角。沙坪坝、江津白沙坝是有名的文化区。市政建设也有了飞速发展。城区扩大、郊区扩大、延伸公路、修建码头、架设缆车、拓宽街道。当时重庆有 4 座机场，开辟了多条国际航线，建成了重庆国际电台，开通了多条国际无线电话等等。这些，奠定了重庆的经济实力和市政结构，极大地推动了西南地区和长江上游经济带的发展。当历史以空前的负荷加于重庆时，这座优秀的城市担当起了民族的重任，在做出了巨大的牺牲和努力之后，在民族保卫战的过程中，同时完成了这个城市近代化的进程。如今，遍布全市的旧城风貌，连同重钢那台张之洞引进的老轧钢机就是证明。

在上清寺—两路口遗址群，有宋庆龄、周恩来、蒋介石、李宗仁、程潜、鲜特生、潘文华等人的旧居。在沙坪坝—歌乐山遗址群，有蒋介石、林森、蒋经国、宋美龄、柳亚子、李烈钧、冯玉祥、于佑任等人的旧居。在北碚遗址群，有卢作孚、梁漱溟、老舍、晏阳初旧居和张自忠将军墓。还有黄山—南山遗址群，小泉—南泉遗址群，解放碑—较场口遗址群，以及散布各处的如张澜、郭沫若、沈钧儒、史良、徐悲鸿等名人的旧居。抗战时期数不完的政治家、军事家、实业家、科学家、文化艺术家、社会活动家、社会贤达等各界精英汇集重庆，使重庆夜空群星灿烂，极一时人文之盛。

当时的各政府部门、各团体、各国使馆、美军司令部、新闻处及韩国临时政府驻于重庆。所有这一切，构成了特有的战时首都与陪都风貌，记录着历史风云，成为不可替代的历史代言人和一种文化精神的象征，成为重庆这座历史文化名城最重要的文化特质，是中华民族在第二次世界大战中的最直观的形象的特征，成为维系海峡两岸乃至全球华人情感的重要的历史纽带，成为推进国共第三次合作，促进祖国统一的有利、有力的着力点。这种历史价值确实是其他东西、其他城市所不能替代的。

为了研究、珍藏、弘扬这笔十分宝贵的历史文化遗产，最好的、最有效的办法应该是在保护好陪都遗址的基础上，建立一座大规模的（国家级的）、现代

重庆市中心繁华街区遭日机轰炸后的情形

林森路被日机轰炸后的情形

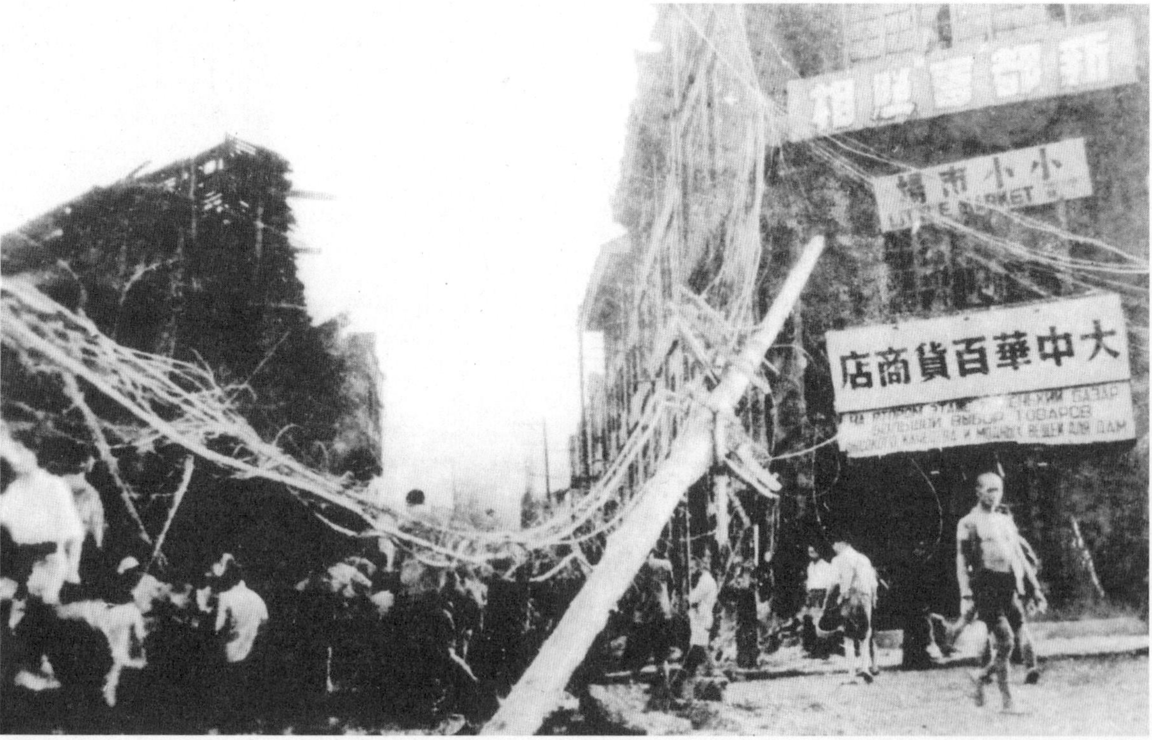

七星岗街区被大火及燃烧弹焚毁后的情形

说重庆的老房子，先从两个山洞说开去。一个是巫山县庙宇
的巫山猿人洞，一个是奉节县的兴隆洞。两个自然形成的山
似乎算不得人工修造的老房子。但作为两百万年前巫山人的

化的大后方抗战文化博物馆，一座中国抗战阵亡将士暨殉难同胞纪念碑，连同一个纪念广场。这座博物馆将收集和展示全民族包括海外华人、国际友人参与和支持过中国抗战的文物、资料和关于第二次世界大战的信息资料，成为这方面的展示与研究中心。这座纪念碑和纪念广场应与重庆曾作为与华盛顿、莫斯科、伦敦齐名的国际名城的地位相适应，与重庆作为远东和中国战区指挥中心的地位相适应。我们期待着全球华人对这一构想的支持，期望着在本世纪上半叶的某一天，华盛顿、莫斯科、伦敦的领导人，尤其是中国北京和中国台北的领导人一起到重庆来，为这个博物馆、为这座纪念碑的奠基填上一锹土。

清代老建筑

夫子池文庙内之奎星阁

重庆的老房子。先从两个山洞说开去。一个是巫山县庙宇镇山猿人洞，一个是奉节县的兴隆洞。两个自然形成的山洞，算不得人工修造的老房子。但作为两百万年前巫山人的居

夫子池文庙一角

云阳云安镇晚清创办的维新学堂旧址

建于1878年的双江镇杨氏民居

说重庆的老房子。先从两个山洞说开去。一个是巫山县庙宇的巫山猿人洞，一个是奉节县的兴隆洞。两个自然形成的山似乎算不得人工修造的老房子。但作为两百万年前巫山人的

重庆的老房子，先从两个山洞说开去。一个是巫山县庙宇镇山猿人洞，一个是奉节县的兴隆洞。两个自然形成的山洞，年算不得人工修造的老房子。但作为两百万年前巫山人的居

湖广会馆修复前的状况

齐安公所木雕《熏风门》

齐安公所木雕《杏花村》

湖广会馆内之齐安公所旧貌

说重庆的老房子"，先从两个山洞说开去。一个是巫山县庙宇
的巫山猿人洞，一个是奉节县的兴隆洞。两个自然形成的[?]
似乎算不得人工修造的老房子。但作为两百万年前巫山人的

湖广会馆戏楼

万州浙江公所的庭院

酉阳县龙潭镇万寿宫戏楼

江津白沙镇张爷庙

说重庆的老房子，先从两个山洞说开去。一个是巫山县庙宇的巫山猿人洞，一个是奉节县的兴隆洞。两个自然形成的山洞似乎算不得人工修造的老房子。但作为两百万年前巫山人的

重庆的老房子。先从两个山洞说开去。一个是巫山县庙宇镇山猿人洞，一个是奉节县的兴隆洞。两个自然形成的山洞，乎算不得人工修造的老房子。但作为两百万年前巫山人的居

涪陵蔺市镇古文庙

位于民生路，始建于1895年的法国天主教堂——若瑟堂

说重庆的老房子，先从两个山洞说开去。一个是巫山县庙宇的巫山猿人洞，一个是奉节县的兴隆洞。两个自然形成的似乎算不得人工修造的老房子。但作为两百万年前巫山人的

万州浙江公所内景

建于 1896 年的巫山庙宇镇天主教堂

南岸下浩的一座外国洋行

江津白沙聚奎书院一角

说重庆的老房子，先从两个山洞说开去。一个是巫山县庙宇
的巫山猿人洞，一个是奉节县的兴隆洞。两个自然形成的山
似乎算不得人工修造的老房子。但作为两百万年前巫山人的

重庆的老房子。先从两个山洞说开去。一个是巫山县庙宇镇山猿人洞。一个是奉节县的兴隆洞。两个自然形成的山洞，算不得人工修造的老房子。但作为两百万年前巫山人的居

乡间百年老民居

铜梁安居镇文庙

有近300年历史的酉阳龚滩镇蟠龙楼

酉阳龚滩镇董家祠堂

说重庆的老房子，先从两个山洞说开去。一个是巫山县庙宇的巫山猿人洞，一个是奉节县的兴隆洞。两个自然形成的山似乎算不得人工修造的老房子。但作为两百万年前巫山人的

重庆的老房子。先从两个山洞说开去。一个是巫山县庙宇镇
山猿人洞"，一个是奉节县的兴隆洞。两个自然形成的山洞，
平算不得人工修造的老房子。但作为两百万年前巫山人的居

乌江边的古老吊脚楼

乌江边的走马转角楼

龚滩蟠龙楼的支脚局部

说重庆的老房子，先从两个山洞说开去。一个是巫山县庙宇
的巫山猿人洞，一个是奉节县的兴隆洞。两个自然形成的山
似乎算不得人工修造的老房子。但作为两百万年前巫山人的

重庆的老房子。先从两个山洞说开去。一个是巫山县庙宇镇山猿人洞，一个是奉节县的兴隆洞。两个自然形成的山洞，乎算不得人工修造的老房子。但作为两百万年前巫山人的居

乌江边的走马转角楼

乌江边的走马转角楼

江津中山镇龙塘庄园的廊房

龙塘庄园屋梁上的云墩，既能固定横梁，又具装饰功能

重庆的老房子。先从两个山洞说开去。一个是巫山县庙宇镇
山猿人洞。一个是奉节县的兴隆洞。两个自然形成的山洞，
乎算不得人工修造的老房子。但作为两百万年前巫山人的居

云墩上的雕花图案

江津中山镇枣子坪庄园的冰凌雕花木窗。那图案，初看杂乱无章，细读井然有序

江津中山镇龙塘庄园的横梁上，也绘满了云龙花草图案，足见其奢华

重庆的老房子。先从两个山洞说开去。一个是巫山县庙宇镇山猿人洞，一个是奉节县的兴隆洞。两个自然形成的山洞，并算不得人工修造的老房子。但作为两百万年前巫山人的居

江津中山镇枣子坪庄园的雕花撑拱

说重庆的老房子，先从两个山洞说开去。一个是巫山县庙宇
的巫山猿人洞，一个是奉节县的兴隆洞。两个自然形成的
似乎算不得人工修造的老房子。但作为两百万年前巫山人的

江津中山镇枣子坪庄园的雕花门罩

奉节竹园镇晚清民居

江津中山镇枣子坪庄园古老别致的天井

酉阳龚滩镇吊脚楼织女楼一侧

江津中山镇枣子坪庄园的老门

渝北龙兴镇禹王宫大牌楼

潼南双江镇禹王宫

说重庆的老房子，先从两个山洞说开去。一个是巫山县庙宇的巫山猿人洞，一个是奉节县的兴隆洞。两个自然形成的山似乎算不得人工修造的老房子。但作为两百万年前巫山人的

开埠老照片

重庆一角

英国亚细亚石油公司

说重庆的老房子，先从两个山洞说开去。一个是巫山县庙宇的巫山猿人洞，一个是奉节县的兴隆洞。两个自然形成的
似乎算不得人工修造的老房子。但作为两百万年前巫山人的

庭院

始建于1902年的南岸法国水师兵营

东水门城外的老房子

重庆的老房子。先从两个山洞说开去。一个是巫山县庙宇镇
山猿人洞，一个是奉节县的兴隆洞。两个自然形成的山洞，
身算不得人工修造的老房子。但作为两百万年前巫山人的居

雨后村舍

江边的老房子

说重庆的老房子，先从两个山洞说开去。一个是巫山县庙宇的巫山猿人洞，一个是奉节县的兴隆洞。两个自然形成的山似乎算不得人工修造的老房子。但作为两百万年前巫山人的

重庆的老房子。先从两个山洞说开去。一个是巫山县庙宇镇
山猿人洞"，一个是奉节县的兴隆洞。两个自然形成的山洞，
年
算不得人工修造的老房子。但作为两百万年前巫山人的居

江边的老房子

说重庆的老房子。先从两个山洞说开去。一个是巫山县庙宇
的巫山猿人洞。一个是奉节县的兴隆洞。两个自然形成的
似乎算不得人工修造的老房子。但作为两百万年前巫山人的

水榭园林

川北铁路公司

重庆的老房子。先从两个山洞说开去。一个是巫山县庙宇镇山猿人洞。一个是奉节县的兴隆洞。两个自然形成的山洞，早算不得人工修造的老房子。但作为两百万年前巫山人的居

乡间小庙

大山下的农舍

云阳张飞庙

从张飞庙隔江远眺云阳老县城

重庆的老房子。先从两个山洞说开去。一个是巫山县庙宇镇山猿人洞，一个是奉节县的兴隆洞。两个自然形成的山洞，算不得人工修造的老房子。但作为两百万年前巫山人的居

老房子

乡间寺庙

说重庆的老房子。先从两个山洞说开去。一个是巫山县庙宇
的巫山猿人洞，一个是奉节县的兴隆洞。两个自然形成的山
似乎算不得人工修造的老房子。但作为两百万年前巫山人的

夔府盐场

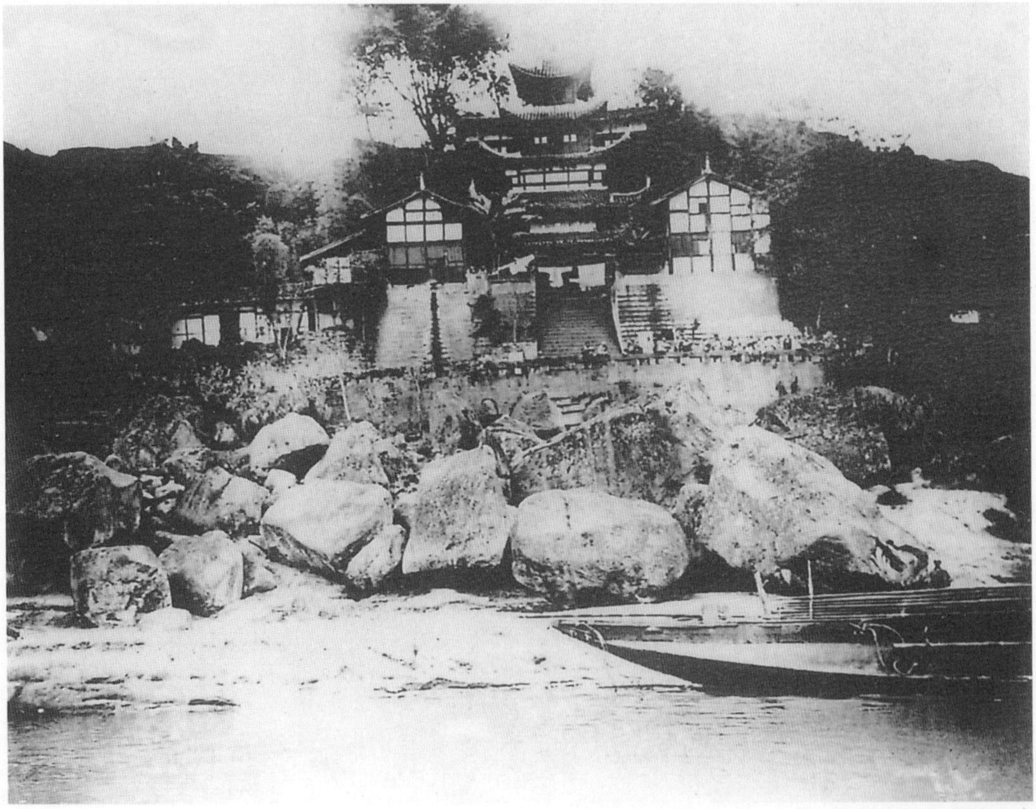

江边寺庙

重庆的老房子。先从两个山洞说开去。一个是巫山县庙宇镇山猿人洞。一个是奉节县的兴隆洞。两个自然形成的山洞，年算不得人工修造的老房子。但作为两百万年前巫山人的居

水田和农舍

用坛子垒墙搭成的房子

三峡江边的绞滩站

小镇场口

说重庆的老房子，先从两个山洞说开去。一个是巫山县庙宇的巫山猿人洞，一个是奉节县的兴隆洞。两个自然形成的山洞似乎算不得人工修造的老房子。但作为两百万年前巫山人的

重庆的老房子。先从两个山洞说开去。一个是巫山县庙宇镇山猿人洞。一个是奉节县的兴隆洞。两个自然形成的山洞，算不得人工修造的老房子。但作为两百万年前巫山人的居

长江边的吊脚楼

俯瞰老屋

说重庆的老房子，先从两个山洞说开去。一个是巫山县庙宇的巫山猿人洞，一个是奉节县的兴隆洞。两个自然形成的山洞似乎算不得人工修造的老房子。但作为两百万年前巫山人的

长江边的吊脚楼

朝天门明代古城墙下的吊脚楼

20世纪20年代江北旧影

说重庆的老房子。先从两个山洞说开去。一个是巫山县庙宇的巫山猿人洞，一个是奉节县的兴隆洞。两个自然形成的山似乎算不得人工修造的老房子。但作为两百万年前巫山人的

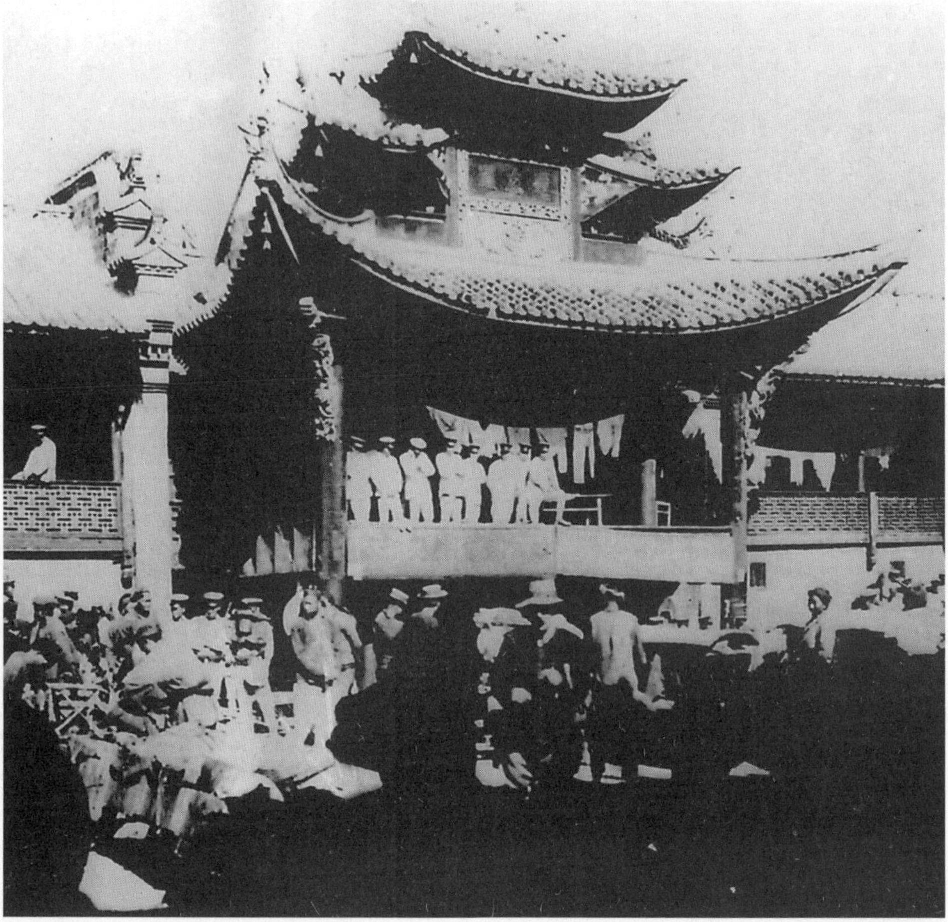

小镇戏台

小镇街景

重庆的老房子。先从两个山洞说开去。一个是巫山县庙宇镇山猿人洞。一个是奉节县的兴隆洞。两个自然形成的山洞，算不得人工修造的老房子。但作为两百万年前巫山人的居

小庭院

小镇乡民，前排抱小孩者为本照片摄影者魏斯的夫人

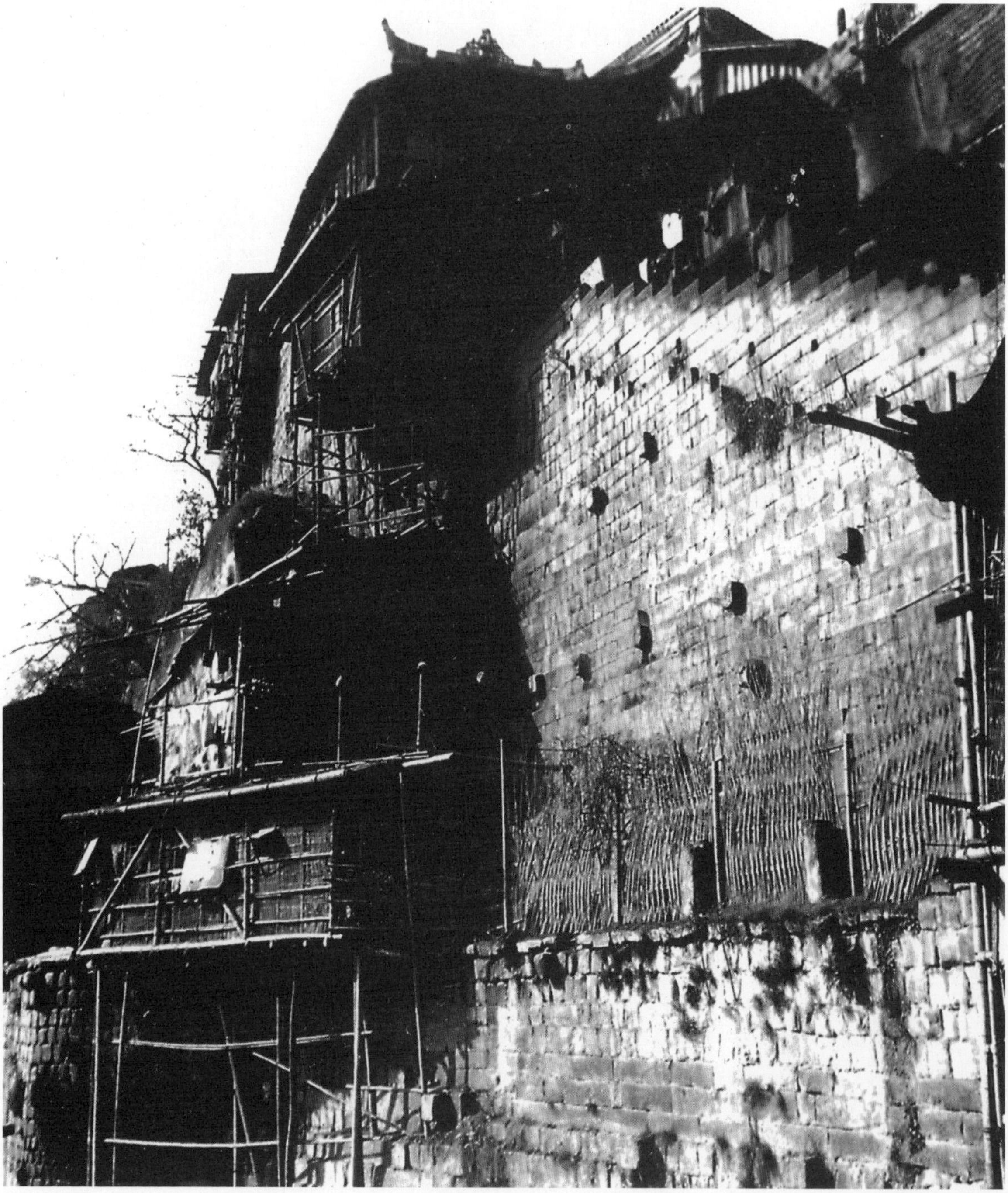

东水门城墙外的吊脚楼

抗战老房子

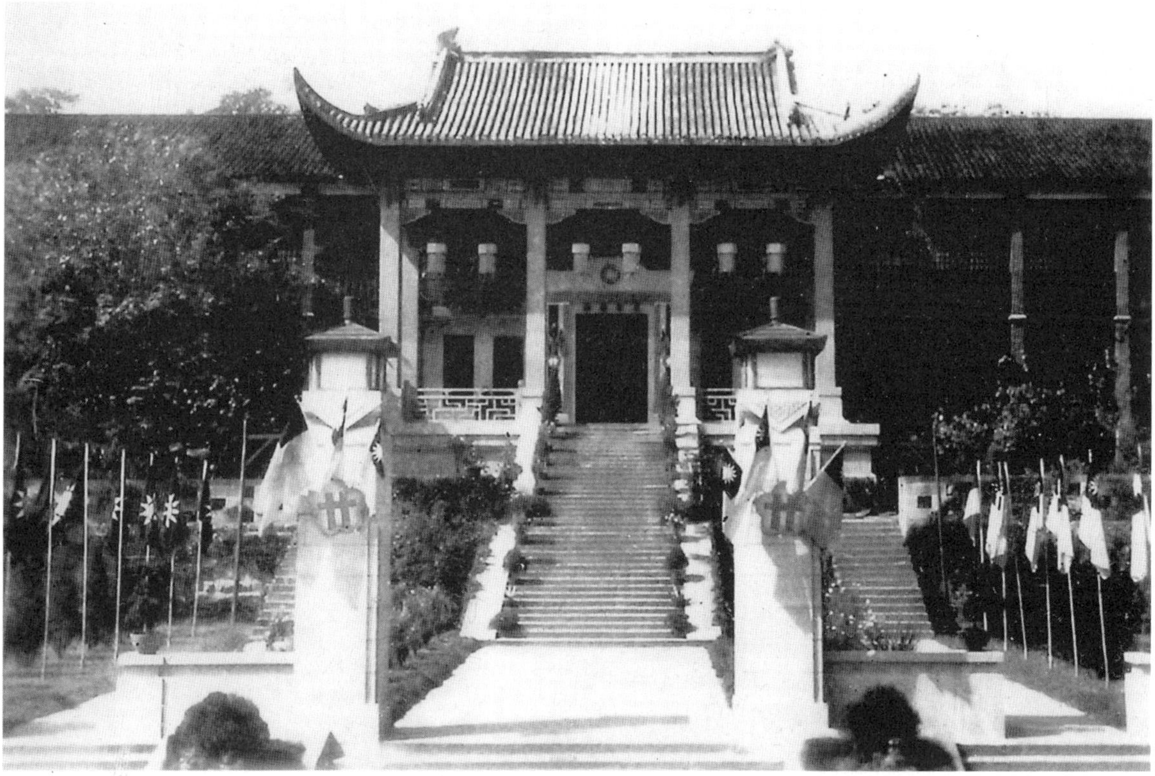

国民政府办公大楼

“重庆谈判”旧址之一

老房子

说重庆的老房子。先从两个山洞说开去。一个是巫山县庙宇的巫山猿人洞，一个是奉节县的兴隆洞。两个自然形成的山似乎算不得人工修造的老房子。但作为两百万年前巫山人的

国民政府司法行政部——北碚歇马场

国民政府司法院旧址——北碚歇马场

重庆的老房子。先从两个山洞说开去。一个是巫山县庙宇镇山猿人洞，一个是奉节县的兴隆洞。两个自然形成的山洞，算不得人工修造的老房子。但作为两百万年前巫山人的居

国民政府高等法院旧址——北碚歇马场

国民政府司法院旧址——北碚歇马场

《新华日报》营业部

黄山松籁阁——宋庆龄故居

位于两路口的宋庆龄旧居

说重庆的老房子。先从两个山洞说开去。一个是巫山县庙宇的巫山猿人洞，一个是奉节县的兴隆洞。两个自然形成的山似乎算不得人工修造的老房子。但作为两百万年前巫山人的

重庆的老房子。先从两个山洞说开去。一个是巫山县庙宇镇山猿人洞，一个是奉节县的兴隆洞。两个自然形成的山洞，算不得人工修造的老房子。但作为两百万年前巫山人的居

小泉蒋介石官邸

位于黄山的蒋介石旧居——云岫楼

说重庆的老房子，先从两个山洞说开去。一个是巫山县庙宇的巫山猿人洞，一个是奉节县的兴隆洞。两个自然形成的似乎算不得人工修造的老房子。但作为两百万年前巫山人的

位于重庆德安里的宋美龄故居

“双十协定”的签署地——桂园

“重庆谈判”旧址之一

说重庆的老房子，先从两个山洞说开去。一个是巫山县庙宇的巫山猿人洞，一个是奉节县的兴隆洞。两个自然形成的山似乎算不得人工修造的老房子。但作为两百万年前巫山人的

南温泉林森别墅——听泉楼

中国西部科学院

重庆大学理学院

抗战时期苏联大使馆别墅，位于现南山白兰园

说重庆的老房子，先从两个山洞说开去。一个是巫山县庙宇的巫山猿人洞，一个是奉节县的兴隆洞。两个自然形成的山似乎算不得人工修造的老房子。但作为两百万年前巫山人的

位于南山的印度驻华大使馆

法国水师兵营，抗战时期法国大使馆曾一度迁于此

抗战时期德国驻华大使馆，位于南岸文峰塔下

抗战时期英国驻华大使馆，位于现渝中区领事巷

国民政府外交部旧址

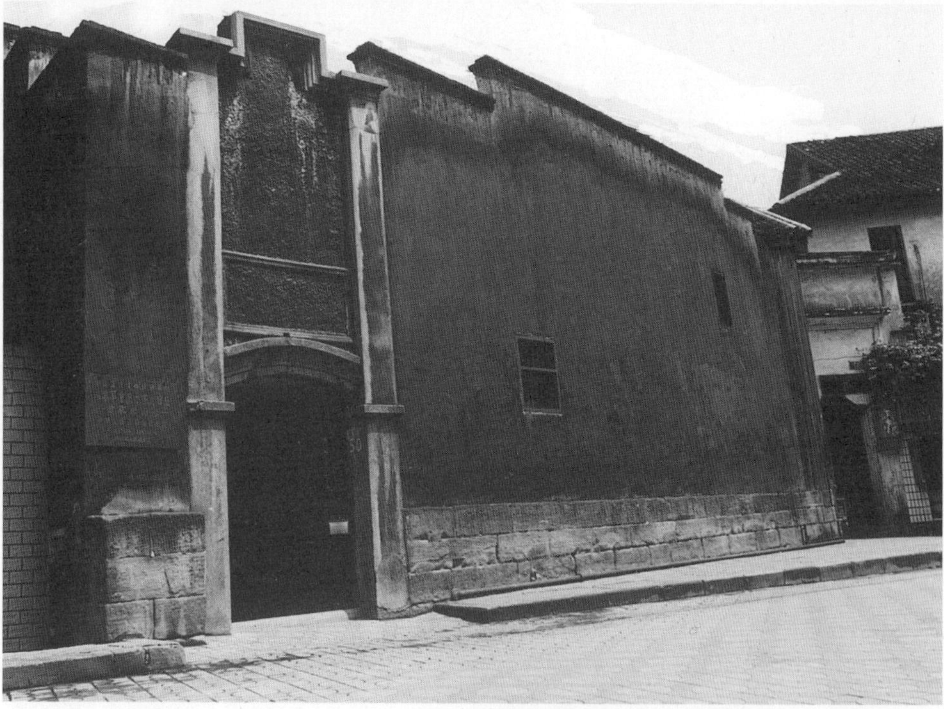

八路军驻重庆办事处（曾家岩50号，又称周公馆）

抗战时期苏联驻华大使馆

位于南山的法国驻华大使馆

位于两路口的美国驻华大使馆

法国领事馆

位于临江门的日本领事馆

巴渝老民居

金紫门城外长江边的竹建民居

安乐洞居民区旧貌

嘉陵江边的临江吊脚楼

说重庆的老房子，先从两个山洞说开去。一个是巫山县庙宇…
的巫山猿人洞，一个是奉节县的兴隆洞。两个自然形成的山…
似乎算不得人工修造的老房子。但作为两百万年前巫山人的…

两路口建兴坡的吊脚楼

乡间老民居

重庆的老房子"。先从两个山洞说开去。一个是巫山县庙宇镇山猿人洞，一个是奉节县的兴隆洞。两个自然形成的山洞，年算不得人工修造的老房子。但作为两百万年前巫山人的居

江津白沙镇街景

千厮门的老民居

千厮门的老民居

重庆的老房子。先从两个山洞说开去。一个是巫山县庙宇镇山猿人洞，一个是奉节县的兴隆洞。两个自然形成的山洞，算不得人工修造的老房子。但作为两百万年前巫山人的居

磁器口民居小院

洪崖洞的老民居

永川松溉镇清代老街

綦江东溪老民居

老房子

说重庆的老房子，先从两个山洞说开去。一个是巫山县庙宇
的巫山猿人洞，一个是奉节县的兴隆洞。两个自然形成的
似乎算不得人工修造的老房子。但作为两百万年前巫山人的

重庆的老房子，先从两个山洞说开去。一个是巫山县庙宇镇山猿人洞，一个是奉节县的兴隆洞。两个自然形成的山洞，乎算不得人工修造的老房子。但作为两百万年前巫山人的居

古老的小巷

储奇门明代古城墙上的吊脚楼

储奇门明代古城墙上的吊脚楼

说重庆的老房子，先从两个山洞说开去。一个是巫山县庙宇的巫山猿人洞，一个是奉节县的兴隆洞。两个自然形成的山似乎算不得人工修造的老房子。但作为两百万年前巫山人的

奉节竹园镇清代民居

巫山大昌镇清代民居封火山墙

说重庆的老房子。先从两个山洞说开去。一个是巫山县庙宇
的巫山猿人洞，一个是奉节县的兴隆洞。两个自然形成的山
似乎算不得人工修造的老房子。但作为两百万年前巫山人的

与酉阳交界的桂塘民居

重庆的老房子》先从两个山洞说开去。一个是巫山县庙宇镇山猿人洞，一个是奉节县的兴隆洞。两个自然形成的山洞，乎算不得人工修造的老房子。但作为两百万年前巫山人的居

老房子

万州两层桥老宅门，从外门柱上可感受到西风东渐的影响

渝东南土家族吊脚楼

万州云盘巷民居

万州四方井老房子

说重庆的老房子。先从两个山洞说开去。一个是巫山县庙宇
的巫山猿人洞。一个是奉节县的兴隆洞。两个自然形成的
似乎算不得人工修造的老房子。但作为两百万年前巫山人的

重庆的老房子。先从两个山洞说开去。一个是巫山县庙宇镇山猿人洞，一个是奉节县的兴隆洞。两个自然形成的山洞，平算不得人工修造的老房子。但作为两百万年前巫山人的居

万州一马路老宅雕花梁柱

渝中半岛一居民区旧影

说重庆的老房子，先从两个山洞说开去。一个是巫山县庙宇的巫山猿人洞。一个是奉节县的兴隆洞。两个自然形成的似乎算不得人工修造的老房子。但作为两百万年前巫山人的

山坡上层层叠叠的吊脚楼

磁器口的老民居

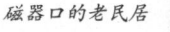

重庆的老房子。先从两个山洞说开去。一个是巫山县庙宇镇
山猿人洞。一个是奉节县的兴隆洞。两个自然形成的山洞，
乎算不得人工修造的老房子。但作为两百万年前巫山人的居

巴渝民居板楼外廊

说重庆的老房子，先从两个山洞说开去。一个是巫山县庙宇

的巫山猿人洞，一个是奉节县的兴隆洞。两个自然形成的山

似乎算不得人工修造的老房子。但作为两百万年前巫山人的

酉阳大可乡传统民居牛角挑

巫溪大昌古城铺面板凳挑

燕喜洞古老堡坎上的吊脚楼

坡上的街沿已在坡下的楼顶之上

磁器口的老街

说重庆的老房子。先从两个山洞说开去。一个是巫山县庙宇的巫山猿人洞，一个是奉节县的兴隆洞。两个自然形成的山洞似乎算不得人工修造的老房子。但作为两百万年前巫山人的

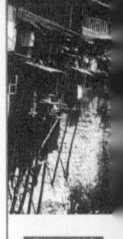

几百年的老庙，已成为寻常百姓家

万州三元街老宅门

说重庆的老房子，先从两个山洞说开去。一个是巫山县庙宇的巫山猿人洞，一个是奉节县的兴隆洞。两个自然形成的山洞，似乎算不得人工修造的老房子。但作为两百万年前巫山人的

石柱县中益乡熊天堡吊脚楼

北碚嘉陵江边的吊脚楼

偏岩黑水滩河边的老民居

龚滩乌江边的土家老房子

龚滩鹅儿岭上的苗家吊脚楼

重庆的老房子，先从两个山洞说开去。一个是巫山县庙宇镇山猿人洞，一个是奉节县的兴隆洞。两个自然形成的山洞，似乎算不得人工修造的老房子。但作为两百万年前巫山人的居

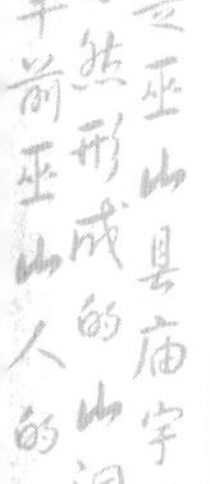

龚滩鸩儿岭上的苗家吊脚楼

龚滩鸩儿岭上的苗家吊脚楼

酉阳龚滩镇董家院子

乌江边的吊脚楼

元通寺的吊脚楼

南岸下浩长江边的老洋房

说重庆的老房子，先从两个山洞说开去。一个是巫山县庙宇的巫山猿人洞，一个是奉节县的兴隆洞。两个自然形成的山似乎算不得人工修造的老房子。但作为两百万年前巫山人的

千厮门的木构老屋

乌江边的穿斗房

重庆的老房子。先从两个山洞说开去。一个是巫山县庙宇镇山猿人洞。一个是奉节县的兴隆洞。两个自然形成的山洞，乎算不得人工修造的老房子。但作为两百万年前巫山人的居

洪崖洞的老民居

千厮门老房子

千厮门明代古城墙下的老民居

说重庆的老房子，先从两个山洞说开去。一个是巫山县庙宇的巫山猿人洞，一个是奉节县的兴隆洞。两个自然形成的山似乎算不得人工修造的老房子。但作为两百万年前巫山人的

洪崖洞老民居

嘉陵江边的吊脚楼

乌江边的走马转角楼

元通寺的吊脚楼

老房子

说重庆的老房子。先从两个山洞说开去。一个是巫山县庙宇
的巫山猿人洞。一个是奉节县的兴隆洞。两个自然形成的山
似乎算不得人工修造的老房子。但作为两百万年前巫山人的

重庆的老房子，先从两个山洞说开去。一个是巫山县庙宇镇山猿人洞。一个是奉节县的兴隆洞。两个自然形成的山洞，但作为两百万年前巫山人的居所，算不得人工修造的老房子。

长江边的老民居

洪崖洞的老民居

洪崖洞的老民居

石板坡的木构穿斗房

说重庆的老房子，先从两个山洞说开去。一个是巫山县庙宇的巫山猿人洞，一个是奉节县的兴隆洞。两个自然形成的似乎算不得人工修造的老房子。但作为两百万年前巫山人的

重庆的老房子。先从两个山洞说开去。一个是巫山县庙宇镇的山猿人洞，一个是奉节县的兴隆洞。两个自然形成的山洞，算不得人工修造的老房子。但作为两百万年前巫山人的居

一号桥象鼻嘴旧影

储奇门长江边的老房子

梯子建在楼房外是重庆老建筑的一大特色

临江门旧影

重庆的老房子。先从两个山洞说开去。一个是巫山县庙宇镇
山猿人洞。一个是奉节县的兴隆洞。两个自然形成的山洞，
算不得人工修造的老房子。但作为两百万年前巫山人的居

千厮门嘉陵江边的吊脚楼

千厮门的老楼房爬上了残存的古城墙

南岸中西合璧风格的老房子

临江门旧影

临江门旧影

朝天门明代古城墙上下的吊脚楼

太平门江边的捆绑吊脚楼

千厮门的老民居

说重庆的老房子，先从两个山洞说开去。一个是巫山县庙宇的巫山猿人洞，一个是奉节县的兴隆洞。两个自然形成的山洞似乎算不得人工修造的老房子。但作为两百万年前巫山人的

重庆的老房子。先从两个山洞说开去。一个是巫山县庙宇镇
山猿人洞，一个是奉节县的兴隆洞。两个自然形成的山洞，
乎算不得人工修造的老房子。但作为两百万年前巫山人的居

富城巷的临江吊脚楼

天成巷的老木楼

千厮门的老民居

洪崖洞下的老民居

老房子的板墙

中兴路一角旧影

说重庆的老房子，先从两个山洞说开去。一个是巫山县庙宇的巫山猿人洞，一个是奉节县的兴隆洞。两个自然形成的山似乎算不得人工修造的老房子。但作为两百万年前巫山人的

重庆的老房子。先从两个山洞说开去。一个是巫山县庙宇镇
山猿人洞，一个是奉节县的兴隆洞。两个自然形成的山洞，
年算不得人工修造的老房子。但作为两百万年前巫山人的居

富城巷的吊脚楼

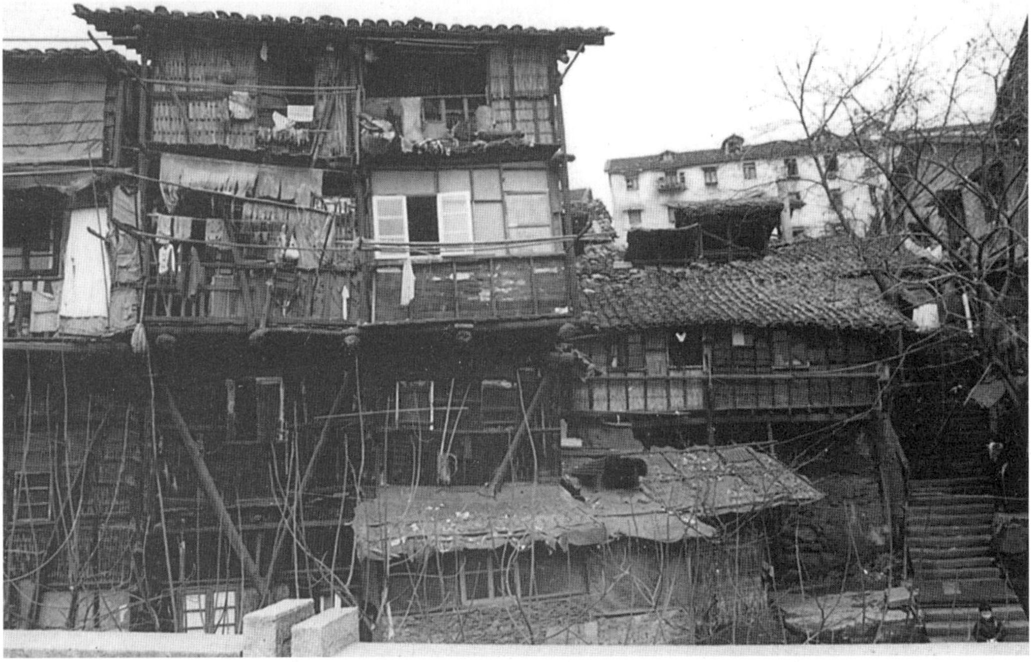

石板坡的木构穿斗房

富城巷的吊脚楼

俯临乌江的吊脚楼群

石板坡的老民居

洪崖洞旧影

吊脚楼下的通道

古老的厨房

说重庆的老房子，先从两个山洞说开去。一个是巫山县庙宇的巫山猿人洞，一个是奉节县的兴隆洞。两个自然形成的似乎算不得人工修造的老房子。但作为两百万年前巫山人的

庆的老房子。先从两个山洞说开去。一个是巫山县庙宇镇
山猿人洞，一个是奉节县的兴隆洞。两个自然形成的山洞，
乎算不得人工修造的老房子。但作为两百万年前巫山人的居

土家民居带小阁楼的朝门

洪崖洞的吊脚楼

说重庆的老房子，先从两个山洞说开去。一个是巫山县庙宇
的巫山猿人洞，一个是奉节县的兴隆洞。两个自然形成的
似乎算不得人工修造的老房子。但作为两百万年前巫山人的

江津笋溪河畔的廊檐式老街

重庆的老房子。先从两个山洞说开去。一个是巫山县庙宇镇山猿人洞。一个是奉节县的兴隆洞。两个自然形成的山洞，年算不得人工修造的老房子。但作为两百万年前巫山人的居

屋檐交错，勾心斗角

川道拐的捆绑吊脚楼

乌江边的吊脚楼

乌江边的吊脚楼

嘉陵江边的吊脚楼

重庆的老房子。先从两个山洞说开去。一个是巫山县庙宇镇
山猿人洞，一个是奉节县的兴隆洞。两个自然形成的山洞，
平算不得人工修造的老房子。但作为两百万年前巫山人的居

嘉陵江边的吊脚楼

小巷木板房

江津塘河镇老民居

说重庆的老房子，先从两个山洞说开去。一个是巫山县庙宇的巫山猿人洞，一个是奉节县的兴隆洞。两个自然形成的山洞，似乎算不得人工修造的老房子。但作为两百万年前巫山人的

酉阳龚滩镇老街

荣昌路孔镇老房的挑梁

乌江边的吊脚楼

荣昌路孔镇老房的挑梁

装饰一新的老骑楼

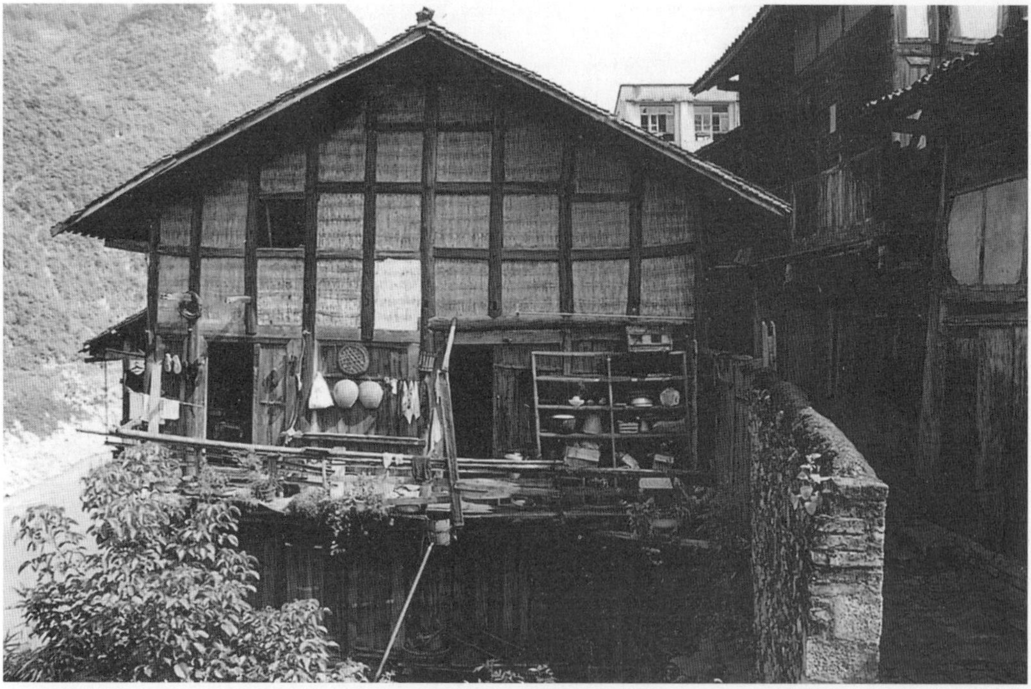

吊脚楼残存的雨耍子（阳台）

说重庆的老房子，先从两个山洞说开去。一个是巫山县庙宇的巫山猿人洞，一个是奉节县的兴隆洞。两个自然形成的山洞似乎算不得人工修造的老房子。但作为两百万年前巫山人的

乌江边的走马转角楼

乌江边的骑楼

纯粹的木构老屋烘托出一种浓浓的乡俗气息

说重庆的老房子，先从两个山洞说开去。一个是巫山县庙宇的巫山猿人洞，一个是奉节县的兴隆洞。两个自然形成的?似乎算不得人工修造的老房子。但作为两百万年前巫山人的?

百年老门

悠悠小巷

老屋的挑梁

一号桥嘉陵江边的老民居

说重庆的老房子，先从两个山洞说开去。一个是巫山县庙宇
的巫山猿人洞，一个是奉节县的兴隆洞。两个自然形成的山
似乎算不得人工修造的老房子。但作为两百万年前巫山人的

重庆的老房子。先从两个山洞说开去。一个是巫山县庙宇镇
山猿人洞。一个是奉节县的兴隆洞。两个自然形成的山洞，
平算不得人工修造的老房子。但作为两百万年前巫山人的居

俯临乌江的老木楼

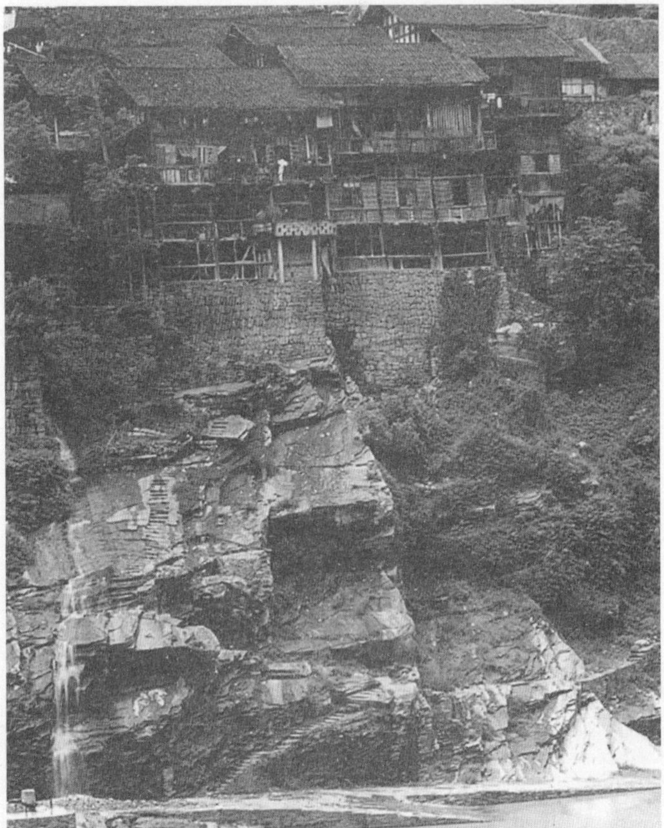
雄踞山岩的吊脚楼

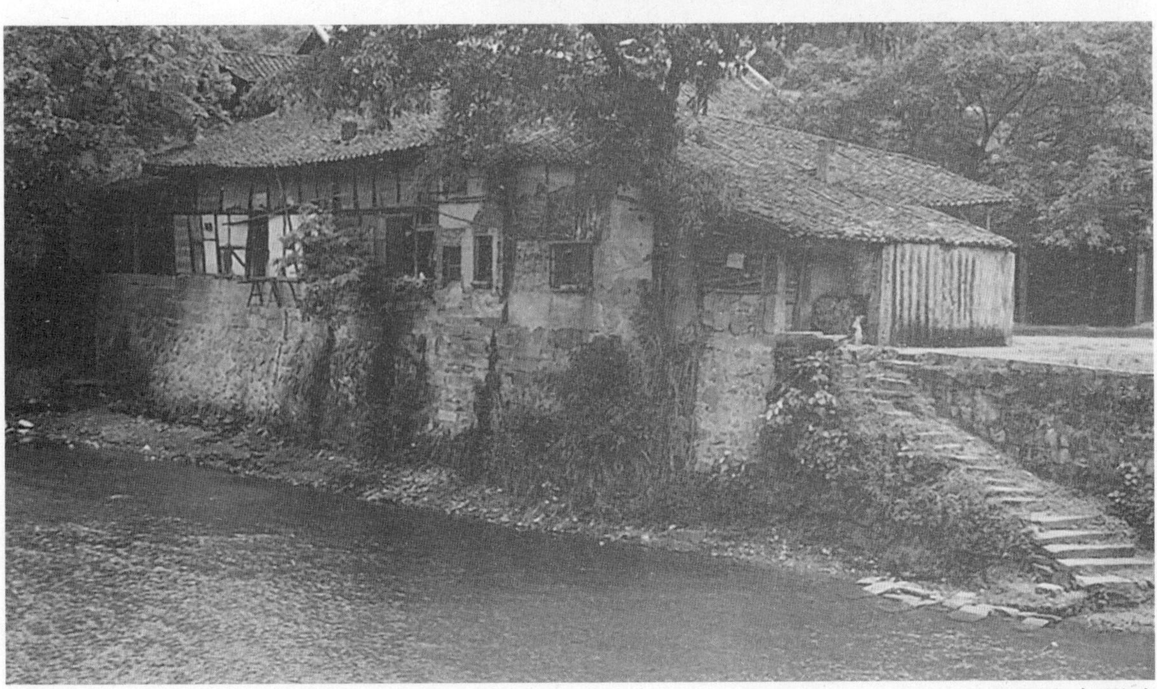
黑水河旁的农家

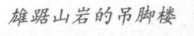

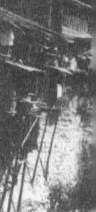

高高的堡坎，古老的木楼

元通寺的吊脚楼

说重庆的老房子，先从两个山洞说开去。一个是巫山县庙宇
的巫山猿人洞，一个是奉节县的兴隆洞。两个自然形成的山
似乎算不得人工修造的老房子。但作为两百万年前巫山人的

笋溪河畔的吊脚楼

永川松溉镇的百年老木楼

重庆的老房子。先从两个山洞说开去。一个是巫山县庙宇镇山猿人洞，一个是奉节县的兴隆洞。两个自然形成的山洞，平算不得人工修造的老房子。但作为两百万年前巫山人的居

一号桥旧影

黑水河旁的老民居

说重庆的老房子，先从两个山洞说开去。一个是巫山县庙宇的巫山猿人洞，一个是奉节县的兴隆洞。两个自然形成的似乎算不得人工修造的老房子。但作为两百万年前巫山人的

自古山民枕河居

重庆的老房子，先从两个山洞说开去。一个是巫山县庙宇镇山猿人洞，一个是奉节县的兴隆洞。两个自然形成的山洞，算不得人工修造的老房子。但作为两百万年前巫山人的居

金刚碑古镇的老木房

黑水河旁的老民居

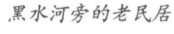

九龙坡走马镇的场口

小庭院旧影

架木为房，编竹为墙

高低错落的老房子

重屋累居的一号桥象鼻嘴

说重庆的老房子，先从两个山洞说开去。一个是巫山县庙宇
的巫山猿人洞。一个是奉节县的兴隆洞。两个自然形成的
似乎算不得人工修造的老房子。但作为两百万年前巫山人的

庆的老房子。先从两个山洞说开去。一个是巫山县庙宇镇山猿人洞”，一个是奉节县的兴隆洞。两个自然形成的山洞，乎算不得人工修造的老房子。但作为两百万年前巫山人的居

凿石为梯攀岩上，崖上烟村八九家

乌江边的老木构房

老房子

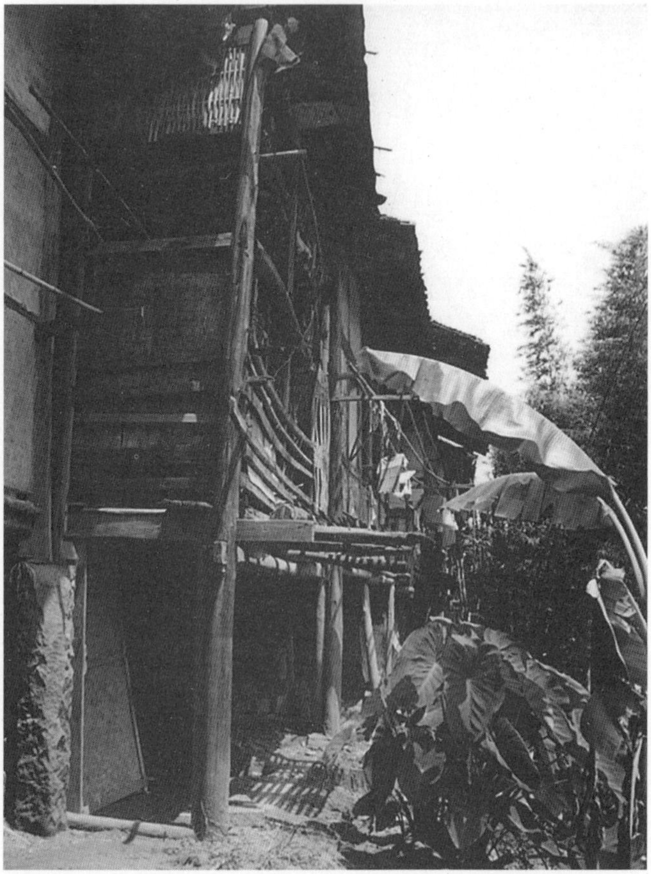

绿荫丛中的吊脚楼

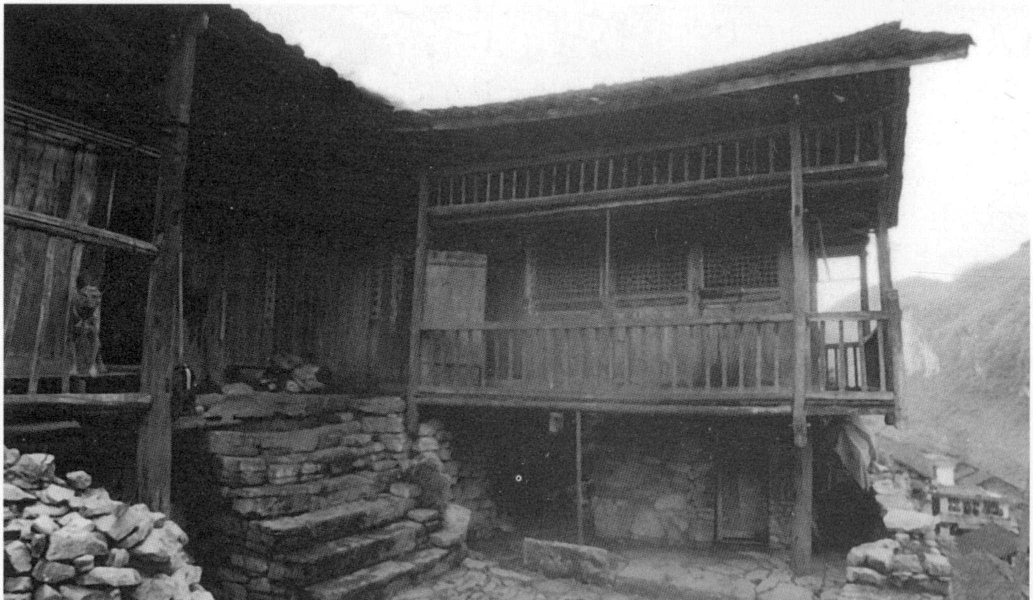

典型的土家吊脚楼

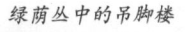

筑堡坎而建，沿溪流而生

“晴不漏光，雨不湿鞋”的“骑廊式”过街楼

廊道接石梯，山城一特色

江津白沙镇长江边的吊脚楼

重庆的老房子。先从两个山洞说开去。一个是巫山县庙宇镇山猿人洞。一个是奉节县的兴隆洞。两个自然形成的山洞，平算不得人工修造的老房子。但作为两百万年前巫山人的居

悠悠石板街，漫漫人生路

说重庆的老房子，先从两个山洞说开去。一个是巫山县庙宇
的巫山猿人洞，一个是奉节县的兴隆洞。两个自然形成的山
似乎算不得人工修造的老房子。但作为两百万年前巫山人的

一座捆绑房，居然也能高到五六层

燕喜洞嘉陵江边的捆绑吊脚楼

重庆的老房子。先从两个山洞说开去。一个是巫山县庙宇镇
山猿人洞。一个是奉节县的兴隆洞。两个自然形成的山洞，
乎算不得人工修造的老房子。但作为两百万年前巫山人的居

溪流久载，老屋百年

古老的吊脚楼，一律的烟熏色

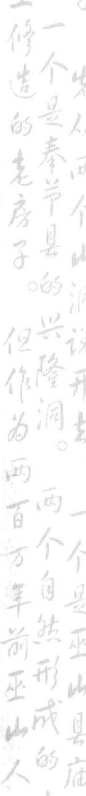

说重庆的老房子，先从两个山洞说开去。一个是巫山县庙宇

的巫山猿人洞，一个是奉节县的兴隆洞。两个自然形成的山

似乎算不得人工修造的老房子。但作为两百万年前巫山人的

丹溪摇绿影，邮驿存古楼

重庆的老房子。先从两个山洞说开去。一个是巫山县庙宇镇山猿人洞，一个是奉节县的兴隆洞。两个自然形成的山洞，乎算不得人工修造的老房子。但作为两百万年前巫山人的居

中山三路二巷残存的民居

中山三路二巷旧貌

悬崖上的吊脚楼

十八梯的吊脚楼

说重庆的老房子。先从两个山洞说说开去。一个是巫山县庙宇
的巫山猿人洞，一个是奉节县的兴隆洞。两个自然形成的山
似乎算不得人工修造的老房子。但作为两百万年前巫山人的

巴南区丰盛镇的小巷

江边堡坎上的老民居

元通寺的吊脚楼

雄踞笋溪河岸的老民居

老房子

说重庆的老房子，先从两个山洞说开去。一个是巫山县庙宇的巫山猿人洞，一个是奉节县的兴隆洞。两个自然形成的山似乎算不得人工修造的老房子。但作为两百万年前巫山人的

重庆的老房子，先从两个山洞说开去。一个是巫山县庙宇镇
山猿人洞，一个是奉节县的兴隆洞。两个自然形成的山洞，
算不得人工修造的老房子。但作为两百万年前巫山人的居

石板坡的老房子

金刚碑的老屋

磁器口小巷

太平门小巷

乌江岸边的吊脚楼群

临江吊脚楼

堡坎早已风蚀，木楼依然巍峨

储奇门外古老的穿斗房

重庆的老房子。先从两个山洞说开去。一个是巫山县庙宇镇山猿人洞。一个是奉节县的兴隆洞。两个自然形成的山洞，乎算不得人工修造的老房子。但作为两百万年前巫山人的居

千年石板路，百年木构房

南岸黄葛古道旁的老民居

南岸黄葛古道旁的夹壁老屋

重庆的老房子。先从两个山洞说开去。一个是巫山县庙宇镇山猿人洞。一个是奉节县的兴隆洞。两个自然形成的山洞，乎算不得人工修造的老房子。但作为两百万年前巫山人的居

建兴坡堡坎上的吊脚楼

一坡石梯坎，串起两条街

磁器口嘉陵江边的吊脚楼

说重庆的老房子，先从两个山洞说开去。一个是巫山县庙宇的巫山猿人洞，一个是奉节县的兴隆洞。两个自然形成的山似乎算不得人工修造的老房子。但作为两百万年前巫山人的

重庆的老房子。先从两个山洞说开去。一个是巫山县庙宇镇山猿人洞。一个是奉节县的兴隆洞。两个自然形成的山洞，乎算不得人工修造的老房子。但作为两百万年前巫山人的居

土家穿斗吊脚楼

偏岩黑水河边的老民居

说重庆的老房子，先从两个山洞说开去。一个是巫山县庙宇的巫山猿人洞，一个是奉节县的兴隆洞。两个自然形成的
似乎算不得人工修造的老房子。但作为两百万年前巫山人的

重庆的老房子。先从两个山洞说开去。一个是巫山县庙宇镇
山猿人洞。一个是奉节县的兴隆洞。两个自然形成的山洞，
乎算不得人工修造的老房子。但作为两百万年前巫山人的居

两路口建兴坡的吊脚楼

东水门明代古城墙上的吊脚楼

说重庆的老房子。先从两个山洞说开去。一个是巫山县庙宇[…]
的巫山猿人洞，一个是奉节县的兴隆洞。两个自然形成的[…]
似乎算不得人工修造的老房子。但作为两百万年前巫山人的

重庆的老房子。先从两个山洞说开去。一个是巫山县庙宇镇山猿人洞，一个是奉节县的兴隆洞。两个自然形成的山洞，乎算不得人工修造的老房子。但作为两百万年前巫山人的居

雄踞乌江绝壁上的古老吊脚楼

说重庆的"老房子"。先从两个山洞说开去。一个是巫山县庙宇
的巫山猿人洞，一个是奉节县的兴隆洞。两个自然形成的
似乎算不得人工修造的老房子。但作为两百万年前巫山人的

山崖上的土家吊脚楼

尾声 重庆市人民大礼堂

把重庆市人民大礼堂放在本书的结束部分，原因很简单。它既是重庆老房子的结语，又是重庆新房子的开篇。说它是重庆老房子的结语，一是它建于20世纪50年代，时间上够早的了。二是它集故宫角楼、天安门、天坛等多种皇家建筑语言为一体，代表了那个时代仿古建筑的最高水平。说它是重庆新房子的开篇，因为它毕竟是新中国的建筑，它是一个城市在新的生活环境中欣欣向荣的象征。20世纪快结束时，将三峡大建设、西部大开发和重庆直辖三大机遇集于一身的重庆，建成了人民广场，并于本世纪初在其轴线上建成了重庆中国三峡博物馆。人民广场成了市民的文化广场，而重庆市人民大礼堂则以古老、厚重而富丽的语言，与时尚、现代、华贵的重庆中国三峡博物馆进行对话，世界在它们的对话中品读出时代的进步与文明的生长。

◎《老重庆影像志》◎

老城门
老重庆影像志
壹

老街巷
老重庆影像志
叁

老码头
老重庆影像志
肆

老地图
老重庆影像志
伍

老广告
老重庆影像志
陆

老档案
老重庆影像志
柒

老行当
老重庆影像志
捌

老风尚
老重庆影像志
玖

老钱票
老重庆影像志
拾